隠れ共産党宣言

小松泰信

新日本出版社

隠れ共産党宣言　目次

序にかえて

「JAcom・農業協同組合新聞」二〇一六年一二月二四日付のインタビューにおいて、JA（農業協同組合）福岡中央会倉重博文《くらしげひろふみ》会長は、「『JAは政治に中立であるべき』ということを十分承知のうえで、敢えて言えば選挙での農政連・農政協推薦は、今後は政党中心ではなく組合員のための政策中心であるべきと思っています。こうした議論を地域ごとに起こしていく時期に来ていると考えています」と、語っている。異論は無い。遅いぐらいだ。

◆狼はそこにいる

ただし、政策を提起する主体は政党である。だとすれば、政策の検証や実効性のある政策協定を経て、どの党といかなる協力関係を結ぶかが課題となる。危機感の乏しいJA関係者には、嵐は収まりつつある、といった雰囲気がただよっている。

冗談では無い。これだからなめられ続けるのだ。断末魔にある新自由主義が、良質の市場を見逃すはずが無い。この危機感を共有できる政党と、どのような新たな関係を構築するかが喫緊の課題として突きつけられていることを忘れてはならない。
決して、狼が来るぞ、ではない。すでに狼はそこにいる。

◆わがカミングアウト

「農業は、自立的な発展に必要な保障を与えられないまま、『貿易自由化』の嵐にさらされ、食料自給率が発達した資本主義国で最低の水準に落ち込み、農業復興の前途を見いだしえない状況が続いている」と、農業の今日的位置を整理し、「国民生活の安全の確保および国内資源の有効な活用の見地から、食料自給率の向上、安全優先のエネルギー体制と自給率の引き上げを重視し、農林水産政策、エネルギー政策の根本的な転換をはかる。国の産業政策のなかで、農業を基幹的な生産部門として位置づける」と、農業を高く評価し位置づける政党に、興味が湧かない人はいないだろう。

これは日本共産党綱領からの抜粋である。学生時代の政治的因縁から、日共・民青とは一線を画してきたため綱領を見たのは初めてである。といいつつも、実は、数年前の国政選挙から同党に投票している。自分史における苦渋の決断といいたいところだが、理由は極めて単純。農業保護の姿勢やＴＰＰ（環太平洋連携協定）への全面的な反対姿勢などが一致したからだ。自分の講義や論考の内容と最も一致している政策の実現を目指すならば当然である。なお、自主投票派ゆえに家人にすら投票を依頼したことは無い。

ではなぜカミングアウトしたのか。それは、自民党が変質し、「農」の世界に軸足をおいた人や組織が、まともに相手とする政党では無いことが明白となったからだ。だからといって、解党の危機さえ囁《ささや》かれている体たらくの民進党や名ばかり野党の日本維新の会に期待する気は起こらない。だとすれば、純粋に農業政策を協議するに値する政党は日本共産党だけとなる。

おそらくＪＡグループは、真正面から向き合ったことは無いはず。だからこそ挑戦する価値あり。

◆地殻変動の予兆あり

興味深い動きを「東京新聞」（一六年一一月二九日付夕刊）の論壇時評が取り上げている。保守思想家西部邁《すすむ》氏を顧問とする『表現者』六七号（一六年七月号）における、小池晃（日本共産党）、西田昌司《しょうじ》（自由民主党）、西部邁、富岡幸一郎（関東学院大学教授）、四氏による座談会「日本共産党に思想と政策を問う」を俎上《そじょう》にのせた、中島岳志《たけし》氏（東京工業大学教授）の論評である。その要点は次の五項目。

(1)　自公政権が親米・新自由主義へと傾斜する中、それに抵抗する両者（保守と共産党）

の立ち位置は限りなく接近している。

(2) 西部も西田も、現時点においては自民党よりも共産党の方が保守思想に近い政策を説いていることを認め、率直な評価を表明している。

(3) 民進党は、共産党の政策を取り込むことによってこそ、本来の保守へと接近するという逆説が存在する。

(4) トランプ政権誕生は思想の地殻変動を加速させる。「左」と「右」という二分法はリアリティーを持たなくなっている。

(5) 野党共闘による合意形成こそが、ネオコン・新自由主義勢力に対する代案となる。

座談会の最後に西部氏が自共連合政権を提言している。反射的に自社さ政権を契機に零落した旧社会党(現社民党)を思い出した。それはさておき、多士済々の論客による共産党への評価と本質的批判も寄稿されており、思想や政治における地殻変動がうかがえる。

◆浮動票を不動票とするために

「東京で共産党、箱根過ぎたら社会党、村へ帰れば自民党」。東京での過激な発言が喝采を浴びた農業青年の、村における日常を自嘲気味に表現したこのフレーズは、「JAcom・農業協同組合新聞」一六年一二月一四日付のコラム「地方の眼力」で取り上げた農民作家山下惣一《そういち》氏の論考（『地上』一七年一月号）で知った。

しかし、村社会でも地殻変動の兆しあり。というのも、農業者やＪＡ関係者と一献傾けるとき、わが投票行動を酒の肴《さかな》にお出しすると、〝実は……〟の人が確実に増えているからだ。「危険思想として刷り込まれてきたが、何か悪いことをしたのですかね。少なくとも農業問題に関しては、真っ当なことをいっていますよ。自民党よりよっぽど信用できる」とのこと。

ただし、私もこの人たちも浮動票。共産党がこれらを不動票にする気があるならば、綱領に謳《うた》う「国の産業政策のなかで、農業を基幹的な生産部門として位置づける」ことを実現するための農業政策を早急に提起すべきである。

政権与党とその走狗《そうく》である規制改革推進会議に痛めつけられ、真っ当な農業政策を渇望している人が〝隠れトランプ〟ならぬ〝隠れ共産党〟となっている。表に出る必要は無いが、堂々と隠れていることを願ってのわがカミングアウトでもある。

やっぱり小松はそうだったのか、とレッテルを貼り、拙稿をそのような目線だけで読む人も出てくるはず。その人たちには今からいっておく。「俺がアカなら、政権与党は真っクロ、それに媚《こ》びへつらうあなたはただのバカ」、もちろんこう付け加えることも忘れない。「地方の眼力」なめんなよ

第1章　「農は国の基」——土台としての農業の強さこそ

「農」の世界　循環を持続させる

――「農」というものを広くとらえると、どのように見るべきだとお考えでしょうか。

一言ではなかなか言えませんが、米、麦、野菜など食料をつくることが基本をなすことは当然ですが、ある意味では、主目的である人間が生きるために必要な食料をつくるということをやりながら、人間も生き物として自然界の流れ、その循環のなかに存在し、循環が持続的に行われていくために「農」を営んでいる、そういう意味合いが「農」の世界にはあると、強く思うようになりました。

人類史的にみると人間も生き物。そのほかの動植物も同じようにその循環のなかにいて、自然のなかで循環していくうえでの必要な生産物をつくる、それが「農」といえるのではないかと思います。循環させるのが主目的であり、そこに人間という生き物が、自分たちが生き延びていくために自然から摂取しはじめ、そして食べ物をつくりはじめて改善・改良を重ねてきたという見方もできるのではないか、ということです。

同時に、農業という営みがなされるようになれば、焼き畑農業などを別にすれば、人が集まり、定住しそこで社会性を獲得していく。そういう人間が生きていくうえでの原則的なことが凝縮されている世界ではないかと考えています。

ですから、人間も自然界の中の一部であり、人間があまりにも不遜になって謙虚さを忘れればかならずしっぺ返しがきます。人間の勝手を戒め、自然に逆らうのではなく、なじみながら生きて社会をつくっていくという視点が大事ではないでしょうか。人間が謙虚でありつづける大切さを、自然が身をもって教えてくれているという思いがあります。

「基層領域」「表層領域」という二重構造として

――では、その農村社会には、どのような特徴があるとみていますか。

「農」の世界というのは、地域によって形成された歴史も、生産物も、形態も異なるように、非常に奥深いもので、簡単に結論づけられるものではありません。

そのうえで農村社会をみるとき、私は「基層領域」と「表層領域」の二層構造になっているととらえるべきではないかと考えています。「基層領域」は、そこに暮らす人々が第一次産業に従事することで、地域も社会も保たれる。農地があり、川、水、里山などを保全しながら、人間関係や神事やお祭りなどもふくめて伝統文化も育むし、消防団活動など防災にも努める、というものです。言葉を換えていえば、土台中の土台が「基層領域」ということになります。「農は国の基」とよくいわれますが、ある意味ではそれを体現しているということになります。農家実行組合や農家組合という町内会のような組織があって地域が支えられ、「基層領域」にある地域資源を活用しながら食料生産が営々と続けられているわけです。

これは私が昔から考えていたわけでもありませんし、私のオリジナルでもありません。数年前から、このとらえ方がしっくりくると思うようになりました。私が長野県の農協地域開発機構研究員になった当初は、企業の論理を入れなければ農業協同組合は残れないという考えを持っていました。農村を調査のために回ったり、農協関係者の話をよく聞きましたが、ある農協関係の方から、「優勝劣敗の企業の論理で農業協同組合のあり方を語ることはできない」という趣旨のことをいわれたことがあります。その方には、おそらく「基層領域」といった概念が意識されていたのではなかったけれども、農業を社会の土台にあるものという実感があったのだと思います。それ以来、そのことをどうとらえるかが私の宿題になっていました。七、八年前に、いま福島大学にいる生源寺眞一《しょうげんじしんいち》氏が著書（『農業と人間』岩波書店、二〇一三年一〇月）で、二つの層のことを紹介されているのを読んだとき、「これだ」と思いました。いまも自分のなかで咀嚼《そしゃく》しているところですが、実際そうだと思っています。

◆対極にあるグローバル企業

同時に、農業も産業ですから、農畜産物を生産するためには各種資材が必要です。生産物も売らなければなりませんから、当然、食料生産販売機能が必要です。そこが「表層領域」です。ここには農家や地域の人たちが出資して農業協同組合（ＪＡ）がつくられます。さらに、国内のほかの地域と取引をしなければなりませんから、中央会や連合会がつくられてきました。

私は、当初、「基層領域」を、ある面では非民主的な農村社会の後進性のようにとらえて、極端にいえば改善していくべきものと思っていました。

というのは、そこにはいいことばかりではなくて、「基層領域」をささえる無償の行為もありますし、人間関係のわずらわしさもあるかもしれないと考えていたからです。しかし、その「基層領域」のおかげで農業という産業も成立するし、逆に農業という産業があるがゆえに「基層領域」も維持できる。その関係がなければ、農業も砂上の楼閣になると気づくようになりました。「基層領域」という考え方を明確にもつことで、農業や農村社会をきちんと位置づけることができると考えます。

その視点からいえば、「基層領域」とはまったく無縁なところに位置するのがグローバル企業です。グローバル企業は、農業や農村などの「基層領域」には何の配慮もせずに、もうけ第一で世界を「浮遊」して、餌場をさがすハゲタカのごとく、もうけるだけもうけて、あとはどうなろうとかまわない、あとは野となれ山となれです。

かつての自民党というのは、この「基層領域」の重要性を直感的に知っていたのではないかという気がします。たしかに「票田」ということはあったのでしょうが、それでも〝この地域社会が、国の重要な部分としてある〟と意識して、それなりに声を吸い上げてこたえる面があったと思います。ところが、いまの自民党は、「基層領域」を壊そうとしている。自民・公明による安倍政権は、「企業が世界で一番活動しやすい国」などといってグローバル企業に肩入れしています。

◆「着土」の意味、その実践者の位置

そのような世界を「浮遊」するものに対置するものが、地域に密着する「着土」という概念です。この「着土」とは、京都大学名誉教授の祖田《そだ》修《おさむ》氏が二〇世紀末につくった言葉ですが、自然の流れではなく、自らの強い意思と覚悟で地域に腰を据えて暮らすという意味がこめられています。

現在のようにグローバル企業を重視して、国に強い遠心力が働いているときにこそ、国の自立的安定性をもたらす求心力が求められます。つまり、「着土」の実践者こそが、農業などの第一次産業を営み農村社会に根づいた生活をすることで求心力をつくりだすのです。

このような視点から農業や農村、農業者、第一次産業をとらえなおすべきです。そうすれば、国や社会の安定性ということを考えたときの「基層領域」の位置づけ、「農」という世界の重要性がますます鮮明になると思います。

農業にいかなる強さが求められているか

――政府などはさかんに「強い農業」と言い立てていますが、農業本来の役割から「強さ」とはどういうことでしょう。

いま、自公政権や財界は、「強い農業」「競争力強化」といって第二次産業、第三次産業の論理を第一次産業にあてはめようとしていますが、そもそも誤りです。私は、国民を食料で困らせないという第一次産業の使命ということを考えると、単純な第二次産業、第三次産業のもうけ本位の論理による強さではなく、一方では根強い農業、地域に根を張った根強さ、他方では国民はもとより、日本の食料を評価する国外の人々の体にしっかり入り込むという、両面での根強い農業をめざすべきだということを強調しています。

「ペティの法則」というものがあります。農業問題を考えるときに、よく持ち出される見方で、国が経済成長・発展していくにあたって、〝土地、労働力、資本〟という生産要素が、第一次産業から第二次産業、第三次産業に移っていき、国が豊かになるという考え方です。かつて水田や畑があったところにマンションや大型スーパー、企業がくるということです。反対に、この法則では大型スーパーや企業があったけれども、今はいい果樹園になったということは想定されません。経済の成長ということを理由にして、第一次産業から生産要素を第二次産業、第三次産業に供出させることを根拠づけるものでした。そういう供出を強要された産業が強くなれるはずがないでしょう。「強い農業」を喧伝したいのであれば、まず、供出した土地、労働力、資本を全部返してからにしなさい、といいたいですね。

◆適切な支援をあまねく行うのは当然

自民党やマスメディアなどは、よく農業に対して「補助金のバラまき」といいますが、それは違います。国土に「基層領域」があり、農林業がセーフティネットとしてありつづけることこそ求められねばなりません。そのために必要な支援、適切な予算措置をあまねく行うべきなのです。農業は、食料生産という意味でのセーフティネットであると同時に、国の安定性、社会の安定性のためのセーフティネットです。それなのに、農業への支援があたかもだめなもの、バラマキという否定的なレッテル貼りはまったく逆だといわなければなりません。

実は、石川県で付き合いがあった農家で、父親が絶対に補助金はもらうな、補助金はモルヒネだという立場を引き継いで補助金を使うことを拒絶していた人がいました。自立することは良いことです。しかし、その自立をするためにも、私は補助金を堂々と受け取りましょうといってきました。

補助金をもらうと競争力がつかないとか、やる気が起きなくなるという事実に基づかない見方ではなく、食料の供給や価格を安定的に提供するために必要な対策をとることは当然のことだという見地が重要です。かつて食糧管理法があったときのように、生産者には再生産を保障し、消費者には適切な価格で提供する。逆ザヤについては国が埋めていくという、それくらいの考え方がベーシックな部分では絶対に必要だと思います。

岩盤は必要不可欠である

――いま指摘された問題ともかかわってですが、「岩盤にドリルで穴を開ける」といって「規制緩和」が当然であるかのようにいわれます。

さきほどいいましたように、「基層領域」というのが岩盤にあたりますから、これを守るためには「岩盤規制」は不可欠なのです。農業における一番の「岩盤規制」は農地法です。農地の荒廃を防ぐために一定の条件の下でしか株式会社の農地取得を認めてこなかったのも、この農地法があったからです。

ところが、いま「規制緩和」というドリルで穴を開け、農地が大型の流通施設に転用されることも起きています。しかし、この施設がなくなってしまったとき、簡単には元の農地には戻れません。私はこれを「転用農地の不可逆性」と呼んでいます。それだけに、食料生産における貴重な生産要素である農地を守るためには、規制は岩盤にならざるをえないのです。

時代とともに規制が必要でなくなるものもあるでしょう。しかし、こと生命や食料、国の安全保障にかかわるものについての規制は強化するべきであり、「岩盤」でなければならないのです。「岩盤規制」は悪いことであるかのようにメディアを使って印象操作がされていますが、壊してはいけないから「岩盤」になったという大前提があります。

自公政権は財界の意向をうけて大企業が農地を手に入れることができるようにしようとねらい、いまも「競争力強化」の名のもとに岩盤を切り崩そうとしています。また、日本維新の会の総選挙政策でも、「規制緩和を断行し、新たな民間活力を育成し産業の振興と経済の活性化を図る」「株式会社の農地所有を解禁する」と明記しています。農地法を変えて「競争力強化」を行うというわけです。

「規制緩和」で「競争力強化」といったとき、私は、昨年（二〇一六年）、未来ある学生が亡くなった軽井沢夜行スキーツアーバス事故を思います。指摘されているように、この事故の根本には「規制緩和」がありました。貸し切りバス事業は二〇〇〇年から規制が緩和され、参入が免許制から許可制となり、運賃なども自由化されました。競争させようとしたわけです。その競争とは、コストダウンの競争です。そしてコストダウンのために、安全・安心の確率を下げていくことになります。その結果、運転手の労働条件が切り崩されるなどして、貸し切りバスの事故が相次ぐという取り返しのできない事態を招きました。「規制緩和」による競争は、コストダウンと安全・安心の切り捨てにほかならないのです。

「規制緩和」が必要と考える人たちは、将来的に罪深いことをしている、と考えるべきです。前述した「転用農地の不可逆性」があるのであれば、食料をつくったり、地域の環境の循環系のなかにある農地は基本的には維持していかなければならないはずです。農地法を変えて、企業が参入し農業をやるといいますが、農業は企業の生産性や収益性とはまったく違う世界です。参入した企業は収益が上がらなければ撤退し、〝その後のことは知りません〟となり、耕作放棄地となる。さらに、そういう荒れ果てた土地を産廃業者が購入して産廃ゴミの捨て場所にするなど、さまざまなことが起こり、取り返しのつかない国土になります。

「岩盤規制」をドリルで壊すなどといっていますが、それは取り返しのつかないことをしているということです。農地という役割から考えるなら、なおさら抑制的に、冷静に、ブレーキをふみながら考えていく、そういう保守性こそが絶対に必要だと思っています。

異常な農業協同組合攻撃のねらい

――政権が先頭になって農業協同組合（ＪＡ）を攻撃するということが起きていますが、異常なことですね。

この間、自公政権や規制改革推進会議は、「農業の競争力が弱くなっているのは、農協の責任が大きい」と、あたかも農協が障害物かのようにいって、「自己改革」を執拗《しつよう》に迫っています。これには理由があります。在日米国商工会議所がリポートで繰り返し農協の市場を開放せよと迫っているように、アメリカのグローバル企業にとっては、ＪＡ共済、ＪＡバンク、全農（全国農業協同組合連合会）といった、農村市場が垂涎《すいぜん》の的なのです。だからこそ、彼らは一貫して市場開放を求め、それに呼応して自公政権が動いているのです。

◆「納得性」の原理が働く

あるＪＡグループの人に農協の「自己改革」についてヒアリングしたとき、どこの県の農協も組合員の活動に結構な財政的な援助をしているという話が出ました。財源となっているのは、いわゆる内部留保です。それは剰余金がでれば、〝今後のリスクに備えて、配当に回すのではなくて、七割は貯めておけ〟という農林水産省の指導で生まれた資金でした。これは、そこまで考えぬいた戦略であったとは考えられませんが、現在の自公政権や規制改革推進会議などによる農協攻撃とかかわりがあります。彼ら自公政権は、ある時から農協にはリスク管理のための「埋蔵金」があることに気がついた。ならば手っ取り早くそれを使わせようとけしかけた。農協がリスクに備えて蓄えていた資産を使いだすと、「なぜこれまで組合員のために使わなかったのか」「農協は農家のためになっていない」と批判しはじめた。ＪＡにしてみれば、言われたとおりにやっているのになんだということになる。自公政権の掌の上でもてあそばれているわけです。

このようなやり方で自公政権は、現実や事実を無視して、農業協同組合は農家のためになっていない、農家の人が自由に選べるようにすべきだと声高にいいはじめているのです。しかし、協同組合で大切なことは値段が上がったら買い控える、下がったら買い増しするという、いわゆる経済合理的な行動だけではありません。「納得性」が最も重要なのです。

この「納得性」とは、安全・安心に配慮し、原材料の供給者からは適正な価格で調達する、このことを評価し納得しているということです。ホームセンターなどよりも高いかもしれないけれども、そういう理由に納得して購入する。買い叩いて原材料を調達しているとか、安全・安心を配慮しないことで安価になっているのであれば買わない。この経済行為を「納得性」原理と呼んでいるのですが、この「納得性原理」に基づく行動は協同組合にかかわる人間の行動原理の一つと考えています。

◆協同組合として地域に根ざさざるをえない

農業協同組合を「表層領域」のビジネスとしてだけで見ることには危うさがあります。いまの農業協同組合が地域にどれだけ根を張っているかは別にしても、さらに協同組合の人たちの自覚・無自覚にかかわりなく、組合員のレベルでは、いろいろなことが協同組合の根として当たり前のように地域におりています。「地域に根ざす農協」とよくいいますが、協同組合の性格から明らかなように、そもそもが地域に根ざさざるを得ない組織なのです。

さらにいうと、営農指導や農業振興を進めること自体が、「基層領域」はもとより、「表層領域」をも確固たるものにしていきます。良い営農指導というのは、作物の育成だけではなく、消費動向や家庭用消費、業務用（実需者）では扱うものにどのような違いが必要なのかまで指導していくものです。観賞用の花卉《かき》（花の咲く草）であれば、品種の提供や来年、再来年の流行色の情報の提供など、つくり方だけではなくて、営農に役立つ情報を分析して伝えていく、そのことが「表層領域」を強化するのです。実際にそういう営農指導が各地で実施されています。指導員は、いまの難しい時代にがんばって営農指導を行っているから、農家の信頼も得ているわけです。

同時に、「基層領域」とのかかわりなども、農業協同組合関係者は自信をもっていっていく必要があります。もちろん、このような見方は農業関係者だけでなく、一般市民・国民にも求められます。なぜなら、国民に大きな影響力をもっているグローバル企業や大企業は、このような視点をもたず、もうけだけを価値として押し出して、基層領域などという面倒なことは必要ないという考え方を流布しているからです。それだけに、政治家は「基層領域」を重視する視点から農協を見るべきです。

長年の自民党農政がもたらす深刻な矛盾

――長年の自民党農政は大規模化をずっと掲げてきましたが、農業はますます小さくなり担い手は減る一方ですね。

自公政権の農政は、家族経営や中山間地《ちゅうさんかんち》などの小規模なものを切り捨てて、農業生産と経営の担い手を法人や企業に移すことにあります。その結果、日本の農業は一握りの大規模経営は増えていますが、小規模農家は減り続けています。

◆傷だらけの優等生

その大規模経営も矛盾に直面しています。北海道の農業は、「傷だらけの優等生」と自嘲気味にいわれています。国の農政に合わせて大規模化を誠実にやってきたけれども、うまくはいっていない、ということです。

その北海道でがんばっている若手農業者が、「農業が好きで親の後をついで一生懸命やった。友達が辞めていくその畑を譲り受け、規模をどんどん大きくしてやってきた。でも振り返ったら周りに誰もいなくなった。自分が通っていた学校は廃校になり、自分の子どもたちは遠いところへバスで通わざるを得なくなった。地域を廃《すた》れさせるために農業をやってきたのではないが、どう表現していいものか」と、苦しくて複雑な胸中を吐露されました。

農業や家族経営の重要性を理解していなければ、小規模よりも大規模が効率的かのように思えるかもしれません。自公政権になっていっそう顕著ですが、小規模の農業が日本中にあっていいという政策はとられてこなかったし、そういう見方もなされてきませんでした。しかし、あまりに大規模化だけを追求していくと、結果的に離農が相次ぎ、地域を離れ、地域に農家が一つ、二つしかないということになったときに、北海道の若手農業者の話のように、「基層領域」が守れないという事態にもなります。自公政権の破綻《はたん》ではあるのですが、現実のなかで苦しんでいる若手農業者を思うと、その辺のところは悩ましいところです。

◆かつての自民党が持っていた〝良さ〟が消えた

かつて「水田は票田」といわれ、自民党の支持基盤でした。もともと自民党の議員は、その地の名士や素封家《そほうか》であったりして、それなりに人望があったと思います。利益誘導もあったのでしょうが、その地域住民の声を聞いたり、少なくともその地域のことを知っていたし、つながりを大事にしていたはずです。無意識のなかでも「基層領域」が位置づけられていたのではないか、という感じがします。また、農水省、自民党、農協のトライアングルといわれるように、それはそれで、農村社会の不安要素をなくすという意味での機能を果たしてきた面も持っていたと思います。

しかし、農村社会も、農業以外の働き口で収入を得る人が増加し、家族のなかでも利害が農業だけでは語れない混住化社会になってきました。また、自民党も小選挙区制度に加えて新自由主義が入り込み、かつての自民党とは異なった政党へと変容し、農業や農村社会の現実から離れていくなかで、結果的に、それまで盤石だといわれてきた農業協同組合といえども、自民党の絶対的な支持基盤ではなくなってきました。それとあわさるように、自民党が、農業が遅れた産業であるかのような認識を深め、〝補助金をほしがる〟などと攻撃までして、農業や農村、地域社会を理解しなくなってきたという流れだと思います。

自民党のなかにあった保守のある意味での〝良さ〟がそぎ落とされ、農業や農村社会を理解しなくなったのです。結果、彼らは、農政からも、実態からも、ますます離れたものになっていったという情況にあります。

「競争力強化」の名で農業・農協の解体・切り売り
――自公政権は、「競争力強化」や「輸出」ばかりを強調し、国民の食料を保障するという視点は見受けられません。

◆四割にみたない食料自給率

日本の食料自給率は、この間、四割をきって直近では三八％にまで落ち込んでいます。日本共産党は、二〇一七年一〇月の総選挙政策のなかでも食料自給率を五〇％に引き上げることを当面の目標においていますが、私は、自給率はさらに上の六〇％をめざすべきだと考えています。それは自分の国で基礎代謝は賄うべきであり、政府の責任だと思うからです。成人の基礎代謝量である一五〇〇キロカロリー、つまり、一日一人当たり総供給熱量二五〇〇キロカロリーの六割は賄うべきだというのが私の一つの基準になっています。

自民党は総選挙政策で「国民が求める多様な農産物の需要に応じた生産の拡大を進め、食料自給率・食料自給力の向上を図る対策を強化します」というものの、同じ政策で、TPPやEPA（経済連携協定）をすすめ、「『輸出』を新たな稼ぎの柱」とするとしていますから、結局、食料自給率を引き上げるのではなく、〝日本の農業の活路は輸出にあり〟（自民党・小泉進次郎衆院議員）ということなのです。

わが国は、食料の六割を他国に依存していますが、自分の国の国民を飢えさせてまで輸出する国は無いことを自覚すべきです。どんなときでも国民の基礎代謝くらいは自給できるようにするのが政府の責任ではないでしょうか。〝輸出、輸出〟と喧伝して、外に目を向けさせようとするのは、政権としての責任、政治家の責任をまったく放棄しているということです。私は、それだけでも、自公政権を認めることができません。

◆農業競争力強化支援法は廃止すべき

「競争力強化」といいながら何をやろうとしているのか。まともな審議もせずに通常国会で成立した農業競争力強化支援法は、一言でいえば、「良質で低廉な農業資材の供給」や「農産物流通等の合理化」を旗印にするもので、有利なところで有利なものを買いましょう、業者は良質で安いものをつくりましょうといったものです。法案を読んだとき、私は堅苦しい法律体系になっているけれども、内容は陳腐なものだと率直に思いました。

一方、自公政権や財界のねらいが二つ組み込まれていることにも気づきました。

一つは、卸売市場です。「農産物の卸売又は小売りの事業について、適正な競争の下で効率的な農産物の流通が行われることとなるよう、事業再編又は事業参入を促進すること」（二二条の一）として、卸売市場も自由化し競争させようとしています。そこには青果物や魚、花卉などの集荷分荷として現れる機能や価格決定の機能など、ほかではとって代わることのできない重要な機能を担う卸売市場の役割は眼中にはありません。大手企業が卸売市場も支配して、もうけを独占していこうという考えだけです。

もう一つは種苗《しゅびょう》です。主要農作物種子法が二〇一八年三月で廃止されることになりました。種子法については、私もふくめてそのようなことが準備されているとの十分な認識がなく、虚をつかれて、ここまでやるのか、と率直に思いました。

どういうものかというと、支援法では、「種子その他の種苗について、民間事業者が行う技術開発及び新品種の育成その他の種苗の生産及び供給を促進するとともに、独立行政法人の試験研究機関及び都道府県が有する種苗の生産に関する知見の民間事業者への提供を促進すること」（八条の四）と、民間の種苗事業者の事業展開を推し進めるだけでなく、公的機関が蓄積している知識を大手民間企業に提供しろとまで書き込まれているのです。

種苗は「支援法」以前は、これまで各地の自然条件に合わせたものを開発し、農家に安定的かつ安価に供給してきました。たとえば、いま米で一番おいしいのは北海道といわれていますが、かつては米の北限は青森で北海道では作れないといわれたものです。ところが、北海道農業試験場などの技術指導や品種の改良や開発という長年の努力があって実現したのです。それを無償あるいは二束三文《にそくさんもん》で民間事業者に渡せという。しかも、民間事業者とは国内の事業者には限らないと答弁していますから、遺伝子組み換え作物の世界シェア九〇％といわれるモンサントなどアメリカのグローバル企業は濡れ手で粟です。

この法律は、農業・農協解体切り売り法であり、廃止しなければなりません。

いま農学に求めたいこと

――このような日本農業の現状を見ると、研究者としてどのようなことが求められると考えておられますか。

この章の初めで「農」とは何かを問われて、地域の循環であるといいました。この循環は、ずっと回っているという意味で、時系列が途切れるということがありません。「農」というのはリセットがきかない分野といいますか、人間の体でいえば心臓がずっと動いて生命を維持しているように、トータルでいうと途切れてはいけない世界です。

◆生命の連鎖性に向き合う

私は、生命の連鎖性という考えを重視しています。それは、農業が人間の命にかかわる生命産業だからです。しかも、生命とは自分たちが思っているよりもっと奥深いものです。たとえば、牛を屠殺《とさつ》して食べさせてもらっています。その牛は死んでいるけれども、明日も、十年後にも食べたい、孫にも食べさせたいと思えば、種《しゅ》としての牛には残り続けてもらい、その一部を屠殺して食べさせてもらわねばなりません。お米もそうです。できあがった稲を収穫して米を食べるけれども、種子が残されることで連続して食べることができる。つまり人間の命が連続するために、食べられる牛や豚や野菜や穀物も連続しなければならないわけです。さらにいうと、そこにはほかの生物や微生物が存在して、邪魔をしたり、捕食したり、助け合ったりするなど、それぞれが関係性を持ちながら、時間が連続していくという広くて深い構造があります。

漁業や林業も含めて第一次産業の世界は、さまざまな形でつながっているわけですから、この連鎖性をカットしたり、リセットすることに対して、条件反射的にもノーといわなければならないわけです。それが農学に身を置く人間の一つの使命であると思います。その連鎖性を切らないということを最低限のこととし、維持し発展させ、さらにより良きものとするために、農学に関わる人間は努力してきたはずです。私は自らの立ち位置をそこに見出《みいだ》しました。

この前提に立つとき、人間は「生命の連鎖性」に謙虚に向き合わなければならない。そしてそのうえで重要な役割を果たしている農業や林業、漁業の第一次産業を研究する人たちは、自分の仕事に対して誠実に愚直にやり続けましょう、といいたいのです。

◆研究内容を超長期の視点で問い直す

いま学問や研究の対象は、限られた範囲で、狭いテーマのものとなる場合が多くなっています。そのなかであっても、「生命の連鎖性」のなかに生きているということ、自らの研究が「生命の連鎖性」のために、あるいはそれを途切れさせないためにどのように位置づけられるのかということを考えることが重要でしょう。それは、一人の人間として大崩れしないことにもつながるはずです。

連鎖性というのは、一種の地図だと考えればいいでしょう。自分や自らの研究がどこにいてどういう繋《つな》がりがあるのか、ほかのことと繋がったり、貢献できる分野がどこにあるのかなど、いろんなことが見えてくる「地図」です。連鎖していることをまず自分のなかに位置づけておくことで、研究のバリエーションや深みがでてくるのではないでしょうか。この「地図」は自然を前提とした農林漁業、第一次産業の営みの奥深さを探ることに繋がるし、その奥深さを気づかせてくれます。

私のような農学のなかにある社会科学の人間は、「生命の連鎖性」を持続させる政策や制度、経済行為のあり方を追究することが使命なのです。

当然、それには超長期の視点が不可欠になります。数世紀の先の人々から、〝二〇世紀、二一世紀の人は何ということをしてくれたのだ〟と、いわれないようにしたいですね。

農業を「基幹的生産部門」とする日本共産党への期待

私が日本共産党の綱領を読んで一番共感したところは、「経済的民主主義の分野で」の節で、「つりあいのとれた経済の発展をはかる。経済活動や軍事基地などによる環境破壊と公害に反対し、自然保護と環境保全のための規制措置を強化する」と指摘したうえで、「国民生活の安全の確保および国内資源の有効な活用の見地から、食料自給率の向上、安全優先のエネルギー体制と自給率の引き上げを重視し、農林水産政策、エネルギー政策の根本的な転換をはかる。国の産業政策のなかで、農業を基幹的な生産部門として位置づける」と明記していることです。自然や環境の保全を指摘した後で、「農業を基幹的な生産部門」と指摘していることに、たんに重要な産業、いわゆる「表層領域」だけの話だけではなく、深くとらえられていることが示されていると受けとったからです。

◆政策の柱にしたい二点

私は、安倍政権も安倍農政も許すわけにはいきません。野党共闘で打倒してほしいと願っています。同時に、ぜひ野党共闘で農業政策もつくってほしいと思っています。すでに日本共産党は、二〇〇八年に「農業再生プラン」をだしています。それは今日の情況を察したかのような重要で適切な内容だと思っています。そのうえで、いまの時点で政策の柱にしてほしいと思うのは次の点です。

一つは、価格保障と所得補償の充実です。よく〝バラマキ〟と悪いことのようにいわれますが、先ほど述べたように、これは、あまねく手当てして農業を守っていくということとであり、長期にわたって安定的な生産をするためには当然のことなのです。

もう一つは、農業にかかわる人たちの人材育成です。具体的には、農業次世代人材投資資金（旧青年就農給付金）の充実です。資金の対象は、新規参入者だけではなく親元に就農する農家後継者など、意欲的に取り組もうとする人たちにできるだけ多くの支援を行って就農定着をめざすべきです。

農業でそれなりの生活ができるならば、就農者は今より減ることはありません。都市部ならではの生活があるように、農村ならではの生活があります。その「場」で農業、農産物の再生産を保障することとともに、農業をする人を「再生産」していく、そして産業そのものを再生産していくという観点が必要になっています。人間は食べて生命を維持しなければいけないわけですから、それを前提にして生産を長期的かつ安定的に保障していくようにすべきです。

◆「着土」できる条件があれば変化が起きる

若い人たちが、いま「Ｉターン」ということで、意欲をもって地方に行く人も生まれています。そういう方の話を聞くと、〝子どもが小さい時には、生活するには最高の環境だけれども、大きくなってからは教育の場に悩まされる〟ということです。

たとえば、高知県では高知市に中高一貫の有名な私学が集中していて、そこに離れた地域から進学する場合、母親が一緒に高知市内で住むことになるといいます。子どもがのびのび育つ環境があるというだけでは、子どもが大きくなるとともに中山間地を離れることになってしまうのです。ある大学教員は、高知の中山間地問題は教育を考えない限り、根本的な解決にならないと断言されています。

その地に生まれ育った人間だけではなくて、それこそ「着土」できるように考えていくことが必要になっていると思います。いくつかの例が生まれていますが、たとえば農山漁村に設立されている高校では、音楽でもスポーツでも教育内容でも特色あるものをつくり、そのうえ、地域の取り組みや第一次産業の体験もできることなどを全国に発信しています。地域おこし協力隊のような取り組みの情況を聞きますと、自治体ごとに違いはありますが、参加した人たちはその後も役場に就職したり、起業したり、結婚したりで、六割から七割が残るそうです。協力隊に参加するような人ですから、意欲や興味をもち、実際に暮らす中でいいところも悪いところも知ったうえでその地でがんばっている方々です。そういう人たちが増えれば、地域は大きく変化することはまちがいありません。そういうふうに「着土」という見地でみていく必要があると思っています。

よく地域政策と産業政策という分け方があります。私も「これからは産業政策だ」と思った時期もありました。確かに、第一次産業を対象にする以上は産業政策だけれども、地域政策の側面を持っているし、産業政策抜きの地域政策もありえないことを痛感しました。やはり地域・産業政策として一体的に展開することが重要だと考えています。一面的に「強い農業」などといっている自公政権には、その観点はありません。

それだけにというか、とくに最近の逆方向への激しい動きは、地域崩壊を加速させます。地域政策をふまえた産業政策でないかぎり地域の崩壊を阻止することはできません。

政党できちんとした農業政策をもっているところは多くありません。だからこそ、農業を基幹産業と位置づけている日本共産党がリーダーシップをとって、野党共闘で農業政策をつくりあげて世に問うてほしいと願っています。

さまざまな困難に直面しているとはいえ、日本の農業は、関係者の多大な努力、踏ん張りで、国民の食料を生産するとともに、国土を守っています。ところがいま、安倍自公政権は、「岩盤をドリルで壊して、農業に競争力を」「農業の稼ぎの柱は輸出」などといって、揺らぎ始めた農業の基盤そのものにさらに揺さぶりをかけて、農業・農協の切り売り・解体をしようとしています。このような政治も、農政も、絶対に許さない覚悟です。

第2章　農業に政治はどう関わるべきか

1　今、求められている覚悟

『家の光』（二〇一五年三月号）において農民作家の山下惣一《そういち》氏が三十有余年前のエピソードを紹介している。要約すれば、自動車販売会社社長からの〝日本の農民は乞食である〟という書き出しで始まる手紙に、〝敗戦後日本の工業は寝食を忘れて技術開発を続け、世界に冠たる工業立国を成し遂げたが、その間農民は米価闘争や補助金に関わる物乞いに余念がなかった、故に乞食である〟と書かれていた。これに対して氏は、〝農民が乞食だとすれば、その乞食に車を売っているあなたは乞食に喰らいつくダニ。乞食はダニがいなくても生きていけるが、ダニは乞食がいないと生きていけない。ダニの分際で大きなこと言うな！〟と返したそうである。痛快ではあるが、悲しいかな今もこの農業軽視の構図は変わっていない。

この社長も好むであろう「強い農業」という表現も同根である。筆者はわが国の農業を少なくとも「弱い」と感じたことがないため、常々この表現に違和感を覚えてきた。この国に生まれ育って六一年間、一度も飢餓の恐怖を感じたことがないことが唯一最大の理由であろう。「弱い」農業にできる芸当ではないはず。もし農業に強さを求めねばならないとするならば、「根強い」という言葉がもっとも相応《ふさわ》しい。農村社会の「基層領域」にある各種の地域資源を用い、自然や地域コミュニティ、さらには伝統文化などと深いつながりをもちながら、生み出した農畜産物を国民の食生活に結びつけてゆく、その関係性に象徴される強さである。

しかし、「経済の進歩につれて、第一次産業から第二次産業へ、第二次産業から第三次産業へと、資本、労働力および所得の比重が増大してゆくという経験的法則」（「ペティの法則」あるいは「ペティ・クラークの法則」と呼ぶ。本書二二ページも参照）が教えるとおり、生産要素は産業構造が高度化するにつれて、第一次産業から、第二次、第三次へと移転していく。このことには疑問を挟む余地はないものの、経済進歩の証として手放しで喜ぶわけにはいかない。

なぜなら生産要素を供給し続ける産業は相対的劣位産業化するからである。そこに単なる「強さ」を求めるのは御門違いというもの。

さらに、生産要素の他産業への野放図な移転を看過していたら、食料安全保障も多面的機能の発揮も保証の限りではない。国民を飢餓の恐怖に陥れない、国土を保全する、そして国内産業のバランスある構成と発展をめざすという政府の責任を果たすためには、「規制」による保護が不可欠となる。規制の重要度が高いほど岩盤とならざるをえない。岩盤規制はドリルで破壊する対象ではなく、まずは守るべき対象として認識されねばならない。岩盤の意味を取り違え、そこを拠点とする産業を抵抗勢力とラベリングし、ドリルで成敗する、と息巻く首相の言動は、国民国家を預かる者のものとは到底思えない。

さらに驚きを禁じ得ないのは、農林水産省までが官邸主導の動きに追従しているという事実である。それも、〝省内において、今夏予定の幹部人事を念頭に、「菅氏の意に沿わなければ人事で報復される」（省幹部）との危機感が広がった〟（「読売新聞」一五年三月六日付）からだとするならば、与太者集団の因縁つけとしか思えない。このような農協改革を猟官運動の手土産にする官僚はもとより、農林水産省そのものの存在意義が問われかねない自殺行為といえよう。

田代洋一氏（横浜国立大学名誉教授）は、勝手に銘打たれた「農協改革集中推進期間」を「五年戦争」の宣戦布告であり、今をその緒戦と位置づけ、ここで結束して踏ん張らないと後がない（「JAcom・農業協同組合新聞」一五年二月一〇日付）、と警鐘を乱打している。

しかし、昨一四年一二月の衆議院選挙における関係者の投票行動に失望した一人として、その警鐘がどこまで伝わるのか暗澹《あんたん》たる思いである。筆者の疑問に対して、「どうせ当選する組織や候補者に反対の意を表明したら後がこわい」ので、「苦渋の決断」「オトナの対応」をした、という台詞が複数のルートで返ってきた。ＴＰＰやいわれなき「農協改革」の被害者が加害者の推薦・支持を表明し、組織的に行動するというストックホルム症候群的行動（「心的外傷後ストレス障害的行動」といってもよい。被害者が加害者に対して過度の同情や好意等を抱くこと）は、たとえ生き残るための戦略だとしても、信頼と期待を寄せる人々を裏切るものであったことを忘れるべきではない。

もしこのような情況から脱出したいと関係者が心底思うなら、やるべきことは次の二つ。

一つは、このような症状の治療法にならって、自分たちを見限った政党や監督官庁と共依存状態に陥っていることを自覚し、それらから距離を置き、これまでの経過や現状を客観的に総括し、刷り込まれてきた意識や感情から少しずつ抜け出せるようにしていくこと。

もう一つは、成長社会ではなく成熟・定常型社会を見据え、現場感覚に満ちた食料・農業・農村のビジョンと政策を策定し、世に問うことである。

「松陰《しょういん》語録」になぞらえれば、今、関係者に求められている覚悟は次のようになろう。

「己に真の志あれば、無志（ダニ）はおのずから引き去る。恐るるにたらず」

2　ＪＡグループの政治姿勢を問い糾す
――国民的信頼を得るために――

「違憲」安保関連法が強権的手法で成立してから一週間もたたない二〇一五年九月二五日、ＪＡの政治組織である全国農政連（全国農業者農政運動組織連盟）が推薦する藤木眞也《しんや》氏（熊本県ＪＡかみましき組合長）を、翌一六年夏の参院選における比例代表候補者として自民党が公認したことを、「日本農業新聞」の紙面で知った。ＪＡ全青協（全国農協青年組織協議会）の主要メンバーとして活躍されていたことを知っていたがゆえに、ひどく落胆した。そしてＪＡグループへの不信感は限りなく深く、そして強いものとなった。

紙面はさらに、同党の茂木《もてぎ》敏充《としみつ》選対委員長が、「有力な組織だ」と全国農政連の集票力に期待を示していることを伝えている。組織力が殿の逆鱗《げきりん》に触れたら弾圧、意に沿えば重用。シンプルで重厚さを欠く政党の行動は、政治の劣化を象徴している。

それが政治だとしても、強いられた農協改革、おぞましい農協法改悪、そしてＴＰＰ推進、これほどの仕打ちの被害者が、加害者に公認を申請するとは、誠に理解に苦しむところである。ＪＡかみましきのＨＰ（一四年七月二五日）によれば、代表理事組合長就任挨拶文において藤木氏は、「……ＴＰＰ問題と政府によるＪＡバッシングに対しては、予断を許さない状態にあり今後の動向を注視し毅然とした態度で適切に対応して行かないと、我が国農業の存続に大きな影響を及ぼす恐れが有り今後は、組合員の皆様のご理解、ご協力を頂きながらＪＡグループの組織を挙げて防止運動に取り組んでまいります」と記している。自民党公認として国会議員をめざすことが、毅然とした態度で適切に対応して防止運動に取り組むことなのだろうか。ご本人も、全国農政連も、そして自民党もみんな変、と思う私が変？

「日本農業新聞」の一五年一〇月一五日付には、氏を励ます会にＪＡグループ関係者ら約一〇〇〇人が参加し選挙での結集を確認したそうである。そこで全国農政連の加倉井豊邦《かくらいとよくに》会長は「今結集しなければ、准組合員制度をはじめ時代の波にのみ込まれてしまう」といい、奥野長衛《ちょうえ》全中（全国農業協同組合中央会）会長は「どれだけ結集できるか、ＪＡグループの力が問われている。今まで以上に結集して臨みたい」と、それぞれ訴えたとのこと。安倍政治が意識的に作り出している波にむかって結集し何をされるおつもりなのだろうか。

このように、一四年末の衆議院選挙で明らかになった、ＪＡグループのストックホルム症候群は悪化の一途をたどっており、改善の兆しは見当たらない。悲しいかな、ミイラ取りがミイラになるばかりか、ＴＰＰ反対の声を上げ、ＪＡ弾圧に不安と怒りを覚えた組合員、さらには国民の多くが不信感を募らせることは必至である。

さらに同日の「日本農業新聞」は、自民党農政の要となる農林部会長に小泉進次郎氏が内定したことを伝えている。もちろん、参院選をにらんだ人気取り人事であることは疑いようもないこと。藤木氏で男性陣、小泉氏で女性陣、それぞれの票固めを目論んでいるようだが、なめられたものである。悔しくはないのですか、プライドはないのですか、そして恥ずかしくはないのですか。あえて問いたい。

さて「農業協同組合新聞」一五年一〇月五日付においても藤木氏公認の記事は載っていたが、皮肉なことにＪＡグループの政治的姿勢に対する極めて示唆深い論考も掲載されていた。

まず、村上光雄ＪＡ三次《みよし》（広島県）代表理事組合長。「……地域によって異なるが身の丈に合った政治活動、選挙活動をする。我々が協同組合組織である限り政党支持、選挙活動には限界がある。政治活動に振り回されて農協本来の姿を見失ってはならない。……我々協同組合は自主・自立の組織である。決して体制におもねるようなことがあってはならない。独立心と自信と誇りをもって、しっかりと大地をふみしめ開かれた攻めの姿勢で組合員・地域にたいして農協は何ができるか考え、実践しこの難局を打開していきたいものである」。

そして、政治評論家森田実氏、「安倍首相は日本をどうしようとしているのでしょうか。私には、安倍首相にとって最も大切なのは、日本国民ではなく、米国政府などではないか、と思えてなりません。……いま日本国民がなすべきことは、平和を守るため、安倍政治を否定することだと思います。……安倍政治の否定こそが、これから日本国民がなすべきことだと思います。安倍政権が暴力的に安保法制を制定したあとの日本国民の課題は、安倍政治そのものの否定です。安倍政治のこれ以上の暴走を止めることです」。

農業協同組合に関わって三〇年強、いつかＪＡグループの政治姿勢について問い糾《ただ》さねばならないと思っていた。制度としては協同組合であるが、理念そして魂の置き所が協同組合なのか疑問に感じるところが、とくに政治姿勢において多々感じられたからである。今回の公認問題は、今日的な政治潮流と相まって、ＪＡグループにおける政治姿勢の不分明さを象徴している。この点が明らかにならない限り、この組織は国民的信頼からほど遠いところを漂い続けることになる。

3　選挙での本当の争点と「新しい判断」
――「一強多弱」の政治解消し「農ある世界」の未来創造――

◆重い一人区の投票――農業への影響必至

二〇一六年七月の参議院選挙に向けて、特定秘密保護法からはじまり、憲法違反の疑いすらある解釈改憲による安全保障関連法の強行成立等々に対する「アベ政治を許さない」という市民や若者の声に応え、民進、共産、社民、生活の野党四党は、選挙の勝敗を大きく左右する三二の「一人区」すべてで候補者を一本化した。この一人区は農村地域の多くをカバーしているため、ここでの投票行動は選挙戦の勝敗の行方を左右するとともに、政権の農政改革や農協改革、ＴＰＰの承認の是非を問うことなど、今後の農政に多大な影響を及ぼすことになる。

主要九党に対して「日本農業新聞」が行ったアンケート調査によれば、ＴＰＰの国会承認への賛否について、自民、公明、おおさか維新、日本のこころ、新党改革の五党が賛成を、民進、共産、社民、生活の野党四党が反対を表明した（一六年六月二二日）。ＪＡグループはＴＰＰに反対の姿勢を堅持するとともに、強いられた農協改革には憤っている。だとすれば、一人区ではＴＰＰに反対する一本化された野党が有利な流れになる、というのが世の中の常識的な見方であろう。

しかし、世間の常識が通じないのがＪＡの世界のようである。ＪＡの政治組織である全国農政連は現時点で、二〇超の一人区において推薦候補者を決定した。全員が自民党で野党は誰も推薦されていない。ＪＡの常識は世間の非常識との誹《そし》りを免れない行動である。

◆姑息な手段見極め――見識のある地域も

「JAcom・農業協同組合新聞」（一六年五月二三日付）の「正義派の農政論」において森島賢《まさる》氏（立正大学名誉教授）は、ＴＰＰの国会批准阻止、安保法の廃棄、来年（一七年）四月消費増税反対、原発問題、沖縄問題等々をとらえ、国民の広い支持を得れば、野党の圧勝は十分に可能だろうとし、農村部に多い一人区ではＴＰＰ批准阻止の声を、都市部に多い複数区では安保法廃止などの声を響かせて野党を圧勝させ、「一強多弱」による澱んだ日本の政治を活性化させよう、と檄を飛ばしている。

しかし全国農政連の推薦行動は、森島氏をはじめ農業協同組合の存在意義を認め、その地域における諸活動に多くの期待を寄せるものたちの願いを裏切るものである。

もちろん、見識も気骨も備えた地域やJAも存在している。特に東北地方ではその傾向が強く、福島県を除く五県では自民党候補を推薦せず、自主投票を決定している。

「読売新聞」(一六年六月一〇日付)によれば、自主投票となった山形選挙区の自民党候補者(JA全農山形副本部長経験者)は、「TPPに反対、反対といっても解決できない。一番よいのは国会議員になることだ」と訴えている。ついミイラになったミイラ取りの話を思い出してしまった。

このような逆風を感じてか、自民党初の東北限定公約が作成された。原発汚染水対策や指定廃棄物の処理に全力を尽くすことや、コメ、リンゴ、サクランボなどのブランド化と輸出促進などが盛り込まれているとのこと。「毎日新聞」(同年六月一八日付)によれば、姑息《こそく》な手段と見抜かれたのか、遊説に訪れた小泉進次郎氏が庄内地区五農協の組合長に意見交換を呼びかけたが誰も応じず、「現場を知らない人とは話せない」と素っ気ない対応だったそうだ。あっぱれ!

◆自給率目標どこへ――増える〝食料弱者〟

さて、「日本農業新聞」（一六年六月二〇日付）は、農水省の統計からこの三年半の「安倍農政」を次のように検証している。

「攻めの農業」のかけ声の下、輸出額や法人経営は増えたが農業総産出額や農家の所得は増えていない。また生産基盤の弱体化も止められていない。最も伸びているのが、首相御執心の農林水産物・食品の輸出である。政権交代前の一二年で四四九七億円だったものが、一五年に六五・七％増の七四五一億円となった。この勢いで一九年に輸出額一兆円とする新たな目標が明示されている。ただしこれは眉唾もので、食肉や生鮮農産物に限れば一五年の輸出額は三八三億円で、農家所得増には必ずしも結びついていない。他方、表舞台からひっそりと姿を消した感のある食料自給率（供給熱量ベース）は三九％のままで増減なく、現状維持が精いっぱい、とのことである。

しかし食料自給率は、食料安全保障上極めて重要な問題を突きつけ続けている。

例えば、一四年度の国民一人・一日当たり総供給熱量は二四一五キロカロリー、その三九％は九四二キロカロリーである。ところが、基礎代謝、すなわち生きていくために必要な最小のエネルギー代謝量は、一般成人女性で約一二〇〇キロカロリー、男性で約一五〇〇キロカロリー。ちなみに、四歳前後の男子の基礎代謝が九二〇キロカロリーである。悲しいかな、わが国の食料自給率では基礎代謝すらまかなえておらず、政府の責任は極めて重いといわざるを得ない。

さらに、フードバンク、フードドライブ、子ども食堂などのボランティア的な取り組みが全国各地で起こっている。このことは貧しい食生活を強いられている〝食料弱者〟が増加していることを反映したものである。

基礎代謝すらまかなえない食料自給率と、増加する〝食料弱者〟。この情況を少しでもキャッチできるアンテナがあれば、一億総活躍社会などとは軽々にいえないはず。この問題に目をむけず、「強い農業」、農業の成長産業化、輸出拡大というかけ声をかけても、誰の腑にも落ちない。まさに噴飯物の目眩《めくら》まし戦略である。

◆舞台裏で準備進む――農業・農協大改革

ところが残念なことに、農業問題や農協問題は選挙の争点としての表舞台には上がってきていない。しかし、舞台裏では選挙後の農業・農協大改革に向けた準備が着々と進められている。そのことを教えてくれているのが、異例ずくめの官邸主導による農水省事務次官人事である。全中の一般社団法人化による骨抜き弱体化や、協同組合の理念を踏みにじる農協法改定、それによって国内外資本の垂涎《すいぜん》の的である農業・農村・農協市場の開放への道筋を付けたことが評価され、念願の椅子を手に入れたようだ。恐らくその期待に応えるべく、今まで以上の辣腕《らつわん》を振るうことは必至である。

◆本当の争点は何か——政治姿勢や手法に

このようなポストで釣《つ》って、官僚を意のままに動かそうとする官邸主導の政治手法に愛想尽かしてバッジをはずしたのが、脇雅史《わきまさし》氏（前自民参院幹事長）である。氏は、「日本経済新聞」（一六年六月一二日付）で「言論空間としては死んでいる。力の前では弱い。選挙で公認しないぞ、と言われたくない。閣僚や役員にしないと言われるのが嫌だということなんだろう。スケールが小さい話だ。それだと権力者の言いなりになる」と、党内安倍一強体制を批判している。

この強さがどこから来ているのか。この疑問に対して、「今回の事件（米軍属による女性暴行殺害事件）を受けて安倍晋三首相と話をしたが、日本政府から気概を感じない。沖縄は米施政権下にあったが、今は国が丸ごと米国の施政権下にあるのではないかという寂しさや悲しさを感じる」との、翁長雄志《おながたけし》沖縄県知事の言葉がヒントをくれている（「東京新聞」同年六月一八日付）。

米国の後ろ盾に寄りかかり、官僚人事に介入し、真の当事者を排除し、官邸におもねるド素人たちの放談審議で答申させ、公約が果たせぬ時は詫びることもなく、「新しい判断」という言い逃れをするような、国民を愚弄《ぐろう》する不誠実な現政権は支持しがたき存在である。

憲法改正、アベノミクス、ＴＰＰ、原発復興、沖縄基地、格差社会など多くの争点があげられてはいるが、本質的争点は、このような政治姿勢や手法の是非を問うところにこそある。

「日本農業新聞」が農業者を中心としたモニター一二〇〇人を対象に一六年六月上旬に実施し、七三三人から回答を得た参院選に関する意識調査結果では、支持する政党は、自民党が四三・一％、支持する政党はないが三〇・〇％、民進党が一三・四％である。選挙区、比例区での投票予定政党に関する問いでも同じ傾向である。

ところが、ＴＰＰに対する説明に関しては七三・五％が「説明が不十分で納得できない」としている。安倍内閣の農業政策を評価するが二五・三％、評価しないが六五・八％。そして安倍内閣の支持率三七・八％、不支持率が五九・一％。これらから現政権を支持する理由は見当たらない。

◆政党と政策ねじれ――真の受け皿が必要

にもかかわらず、投票すれども評価せず。まさに受け皿政党の欠如による、ねじれ現象である。しかし、受け皿政党の欠如を嘆くだけで、従来通りの投票行動をしても負のスパイラルから逃れることはできない。

ＴＰＰや農政を評価せず、内閣不支持であるならば、駄目なものは駄目という毅然とした姿勢で臨むべきである。

このような姿勢が、農業者や農協関係者に対する世の信頼を集めるとともに、与党、野党を問わず、真の受け皿作りの契機となるはずである。

農業・農協関係者の決して言い逃れの言葉ではない、熟慮にもとづいた「新しい判断」、その一票こそが、「農ある世界」の未来を創ることを信じて。

第3章　自公農政の急所はここだ！

1　怒りと光

「私はＴＰＰに大反対です。それは農学部の教員であることや農業協同組合論を専攻しているからではありません。もし、ＴＰＰがわが国の農業に少なからぬメリットをもたらすとしても断固反対します。それぐらいこの問題は多くの重い課題をもっています。とくにその精神が、国家の主体性と多様性を蔑《ないがし》ろにしているからです。象徴的なのが、関税撤廃とＩＳＤＳ（アイエスディーエス）条項（外国人投資家と投資受け入れ国との紛争解決の手段として盛り込まれる条項のこと）です。まして、農業にも多大なデメリットをもたらすことが容易に想定されるわけですから、賛成する理由はどこにも見あたりません」。これが機会あるごとに発してきた、私のＴＰＰ反対表明である。

さらに、なりふり構わぬ「違憲」安保関連法の成立以降は、「とにかく安倍さんのすすめることは全否定すべきです。日本のことも日本国民のことも、もちろん農業・農家・農村、まして農協のことなんか歯牙《しが》にもかけていない、米国政府やグローバル企業の走狗《そうく》による痴言《ちげん》ですから」ということも忘れずに付け加えている。

彼の痴言の一つに、「時間がたてば、国民の理解が広がる」というのがある。だから、国民の理解がなくても、自分が正しいと思うものはやる、ということのようだが、民意無視も甚だしい。〝最高責任者は私です〟と、耳を疑う発言ができる人ならではの言ではあるが、無恥は拡大再生産される。この痴言病が閣僚にも伝染したのか、ＴＰＰ大筋合意に関連した森山裕《ひろし》農水相（当時）の「私は国会決議は守れたと、実は思っている。ただ、今から対策をしっかりしていって初めてそのことが成就すると思う」という発言は誠に奇妙である。〝恥ずかしながら守れませんでした。力及ばぬ苦渋の決断でした。だから、これからしっかりと対策をとっていきますから、ご協力いただきたい〟と、本音のルビを振りたいところである。

だとしても、軽々に許すべきではない。自国のために懸命に交渉に当たる某国に対する「頭を冷やしてもらいたい」や、他国よりも一足先に交渉を終え「大筋合意の見通し」と、確信犯的フライング発言を垂れ流した亡国の甘利明ＴＰＰ担当国務大臣の言動からは、アメリカへの譲歩でお役ご免、というシナリオが透けて見えてくる。そのシナリオの続きは国内対策。

「日本経済新聞」二〇一五年一〇月一五日付によれば、〝農業団体は表向き抑制的だ。……農水省幹部はＴＰＰ交渉が大筋合意する直前こう忠告していた。「安倍さんを怒らせたら農業対策費が1円も出なくなるぞ」。農業予算を目の前にぶら下げられては正面から批判しにくい。〟とのこと。低レベルで情けないこの内容が真実だとすれば、官邸と官僚が与太者以下の低レベルということに尽きる。さらには、彼《か》の石原伸晃《のぶてる》氏の忘れてはならない迷セリフ「最後は金目でしょ」が思い出されるが、農業団体の皆様、やはりそうですか？

もしそうだとすれば、あなた方も同罪です。

最後に、ＴＰＰ参加後の対応について書いた拙稿の一部を紹介する（本書第5章収録。重複するが行論上ご容赦いただきたい）。

〝……自問の結果として出てきた戦略が、食料生産のプロとしての強みを最大限に生かした「強みこそ武器」というもので、さらにそこから提起されるのが、ソフトとハード、両面からなる戦術です。

まずソフト戦術は、国外からいかなる農畜産物が来ようとも、多くの国民に支持され、選ばれ続ける農畜産物を生産するという、オーソドックスな誠実かつ愚直な戦い方です。

他方、「伝家の宝刀」を抜くことが、ハード戦術です。ＴＰＰ賛成論者や無理解な国民に対して、農畜産業なかりせばという情況を現実に示すべく、全国の農畜産業者がゼネラルストライキに突入することです。まさに平成の兵糧攻めです。

ストライキが死語となりつつあるわが国では、過激かもしれませんが、農産物の生産額が年間四・一兆円程度減少し、食料自給率が四〇%から一四%程度に減少するという、農林水産省による影響試算を国民に体験してもらうことも、有事への備えとして不可欠なことでしょう。

もちろん、宝刀を錆び付かせないためにも、そして竹光ではないことを世に知らしめるためにも〟（JA岡山職場内報「わいわいがやがや」二〇一一年九月）。

農業に携わる人々は、泣き寝入りすることなくもっと怒るべきである。農業団体は一人ひとりの怒りを結集する努力をすべきである。怒りの向こうに、一条の光が見いだせることを信じて。

2　痛々しささえ感じる進次郎「農政改革」

昨一五年一〇月二七日に開かれた自民党農林水産戦略調査会長・農林部会合同会議において新農林部会長の小泉進次郎氏は、「今まで農林部会で農政のためにご努力されてきた誰よりも農林の世界に詳しくない」と挨拶し、「農業の可能性は大きい。……1次産業の発展なくして日本全体の活性化なし、……復興のためにも地方創生のためにも、日本の将来のためにも農林部会長として全力で汗をかきたい」と決意を示した（「JAcom・農業協同組合新聞」同年一〇月二七日付）。今年一六年二月に発売された『週刊ダイヤモンド』（二月二日号）と『エコノミスト』（二月六日号）におけるインタビュー記事が、その後の地方行脚や学習の成果報告だとすれば、素人の域を出ない内容といわざるを得ない。以下、補助金と農林中金に関する発言内容に絞ってその問題点を明らかにする。

◆補助金漬け農政と決別?!

まず、『週刊ダイヤモンド』で強調されている補助金問題である。要約すれば、〝「農業は弱い立場であるから守らなければいけない。そのために補助金が必要だ」という発想に立った補助金まみれの農政が農業の競争力を弱めた。だから補助金漬け農政とは決別する〟となる。

誤解を恐れずにいえば、農業者も消費者も一人びとりは弱者であり、その弱者性を克服するための一つの手段が協同組合である。さらに農業をはじめとする第一次産業は、国の経済が発展するに従ってその生産要素（土地、労働力、資本）を他産業に供給し続けることが運命づけられている。しかし疑いようもない重要な産業であることから、生産要素の自由な移動を制限するために農地法などの岩盤規制が敷かれる。さらに残された生産要素をより効率的に活用することを目指し農地の整備などが求められる。しかしそれらは私有財であることと多額の整備コストがかかるために、政策誘導手段として補助金の投入が不可欠となる。この流れを補助金に〝漬け〟や〝まみれ〟という言葉をつけて、ネガティブキャンペーンを張るのは、農林行政に責任を持つものの発言とは思えない。もし〝莫大〟な補助金と感じるとすれば、それは〝莫大〟な生産要素が農業から他産業に移転していることの証左と思うべきである。

もちろん補助金が収入の多くを占めることを心から望む経営者はいない。なぜなら、政権や政治家の腹一つ、さじ加減で多くも少なくもなるリスクを持っているからだ。まさに農政リスクの象徴である。そんなリスクの多い、先行き不透明な産業に投資意欲は喚起されにくい。安定した農業政策こそが求められている。

◆農林中金はいらない?!

つぎに、「農林中金（農林中央金庫）はいらない」という指摘である。この発言で明らかになったのは彼の頭から、農林中金に集まる資金の多くが、組合員がＪＡに貯金したお金であることが抜け落ちていることである。この資金を大切に運用し、他の金融機関と遜色のない利息をつけてお返ししなければならない。その運用の一つに農業関連融資があるが、農業生産の特殊性、すなわち資本回収期間が長期にわたり収益性も高くないため、長期、低利、据置期間付きの融資が求められる性格をもつ。

これは資金運用だけで見れば、必ずしも合理的な融資対象ではない。そのような性格をもつ農業融資のために存在しているのが、政策資金である。

ところが、〝内部留保は一兆五〇〇〇億円もあるのに、農林中金の貸出金残高のうち農業融資は〇・一％しかない。ならば農林中金なんて要りません〟という信用事業の一面しか見ていない発言に、拍手を送る関係者も少なからずいる。しかし農林中金に対する不満と、農業金融の問題は分けて考えるべきである。なぜなら、組合員の余裕資金に関する協同運用機関としての位置づけを裏切るリスクを冒すことはできないからだ。

そのジレンマの中で農林中金が、安全安心を心がけた資金運用を行い、組合員世帯の資金運用と安定したＪＡ経営に貢献していることへの理解が求められる。

◆二宮翁を出汁に使うな

最後に、進次郎氏は、人口減少の時代に村落の再生を手がけた偉人として二宮金次郎翁を勉強し、農業の世界に明るい希望を見いだすヒントが隠れているはずだということに気づいた。そして、人口減少に歯止めをかける一つの「解」が農業の復活だという思いから部会長を引き受けているそうで、今後は小泉金次郎になる、というオチを自画自賛している。しかしこの人には無理。部会長になってたかだか数ヶ月で、雑誌記者におだてられての父親譲りの上滑りな発言は、痛々しいだけで誰の心にも届かない。

そのくせ、わが国における農業協同組合の一つの源流である二宮尊徳翁の都合の良いところだけを取り出して、ちゃんと農業協同組合の原理も勉強していますよと出汁にする迷惑千万な「小泉損得」の提案をシンジロウという気にはなれない。困ったものです。

以上、この章で自公農政の「自画自賛政策」と、もうけのみを追求する「強欲政策」を見たが、この自惚《うぬぼ》れと強欲さにこそ、致命的な「政策的急所」があることを指摘しておきたい。

第4章　若き人たちへの応援歌

1　ポリシーブックを指針にする若い力に期待

◆政府に不満あるが

「農業協同組合新聞」二〇一六年四月三〇日付に自民党新人が野党一本化の無所属新人に、僅差で勝利した衆院北海道五区補選結果についての太田原高昭《おおたはらたかあき》氏（北海道大学名誉教授）による分析が載っている。

注目すべきは、次の二点。

(1)　自民党新人の勝因は、「自衛隊と農協」に圧倒的な強みを見せたこと。

(2)　農村部では自民党新人の票が、前回の自民票を上回った。

その仕掛けは、農協に対する自民党のオルグの徹底。殺し文句は「ＴＰＰは大筋合意で終わった、あとは国内対策だ」だった。安倍総理は選挙区内の全農協組合長に直接電話をかけたという。農協もその影響を受け、ＴＰＰ問題を棚上げにしたまま、農政連（農協と表裏一体）が早々と自民党新人の支持を表明した。

太田原氏は、「ＴＰＰ反対運動の先頭に立っていた農協が推進側の候補を支持することは明らかに道理に合わないのだが、その矛盾は矛盾のままに置かれたように見える」と、至極常識的なコメントをしている。

しかしＴＰＰ、農協法改悪、解釈改憲による安保法制等々、これだけ自民党に好き勝手にやられていても、大票田であった農協陣営にはこの常識は通用しないようだ。

これを裏付けるような興味深いエピソードが、「日本経済新聞」一六年四月一四日付の「暗闘　農政改革３」に載っている。

〝４月上旬、自民党が札幌市内で開いた衆院北海道５区の補欠選挙対策会議。「また俺たちをだますのか」。突然、怒気をはらんだ声が響いた。声の主は５区内にあるＪＡの組合長。政府の規制改革会議が８日に提言した生乳の流通自由化に反発した。同組合は今もＴＰＰに反対している〟と報じているのだ。この「声の主」の心中はいかばかりかと思うが、選挙の時はどうされたのだろうか。

あるＪＡの中期経営計画に、「農業とくらしを守り地域にくらす人々の共感をよぶ農政活動」を行うことがあげられていた。当然のことだが、だまされてもだまされても、ＪＡのこれまでの常識をくり返していたら、ＪＡの活動への共感はおろか取り返しのつかない反感を呼ぶこと必至である。

◆息吹を示す若い人たちの夢

一方、共感をよぶ農政運動のヒントを『地上』一六年六月号の若い人二人の対談〝アメリカの農政運動はなぜ強いのか〟という記事が教えてくれている。

そこで取り上げられている強さは、まず、アメリカの農業団体（AFBFとかNFUなど）は、選挙では一方の党だけを支持することを避けるとともに、農業団体のほとんどが民主、共和両党の政治資金管理団体に献金しているとのこと。理由はもちろん、農業団体はできるだけ中立姿勢でいるほうが有利だと考えるからである。

この農業団体がロビー活動をするときに活用されているのが、構成員の経営発展に軸足をおき、関係する法律や制度についての立場を表明した〝ポリシーブック〟（以下、PBと略す）である。

これをルーツとして、JA全青協においても、行動目標と政策提案を兼ね備えた「JA青年部の政策・方針集」としてPBの作成がすすめられている。導入の契機は、〇九年の政権交代である。新政権との関係がほとんどないため、若手農業者の課題や意見を政府・与党に伝える機会を失うことになった。

それまでの農政活動では、政権交代が起きるたびに若手農業者の声を届けられなくなり、全国組織としての役割が果たせなくなることを危惧した当時の執行部が、頻繁に政権が交代している米国の農業団体の取り組みを視察し、ＰＢの存在と有効性を学び導入することになった。

今年（一六年）一月のＰＢに関する米国視察の感想を中心とした『地上』の対談で、黒田栄継《よしつぐ》氏（ＪＡ全青協参与）は、〝どこの政党というのではなく、ＰＢを支持して推進してくれる議員を応援する。これがまさに『政治的中立』なんだよね。われわれのＪＡ青年組織綱領にも、「食と農の価値を高める責任ある政策提言を行う」とある。この点は見習うべきところかもしれない〟と語り、横尾隆登《たかと》氏（一五年度ＪＡ全青協理事）も、〝おれたちの世代の多くがＪＡの組合長や理事になったときに、ＪＡグループ全体のＰＢができあがれば、農政運動はもっと強くなる〟と、語っている。

残念ながら、ポリシーブックの取り組みはいまだ道半ばである。しかし、その作成の過程は、若き農業者の世界を広くて深いものにしてくれるはずである。

広さと深さに裏打ちされた矛盾なき農政活動こそが、多くの人々の共感を呼び起こすことになる。

2　目指せ！　闘う遺伝子たち

◆青年組織はアクティブたれ

二〇一五年一〇月に開催された第二七回ＪＡ全国大会の決議事項で、私が注目したのは〝組合員の「アクティブ・メンバーシップ」の確立〟である。アクティブ・メンバーシップとは、〝組合員が地域農業と協同組合の理念を理解し、「わがＪＡ」意識を持ち、積極的に事業利用と協同活動に参加すること〟である。

理屈の上では、協同組合の組合員が「わが組合」意識を持つのは当然で、わざわざ全国大会で組織決定しなければならないことではない。しかし実態は、組合員の顧客化が進み、当事者意識の希薄な組合員が増えていることから、これを反映したものである。

多くの青年組織や女性組織が、すでにアクティブ・メンバーシップを確立しているとしても、当事者意識が希薄な正組合員や新規加入の准組合員、あるいは職員に対して、組合員のアクティブな姿を具体的に示すために、さらなる確立に向けた不断の取り組みが不可欠である。

ただし、そこで問われるのが、ＪＡ青年組織は、何に向かってどのようなアクティブさが求められるのか、という今日的問題である。

◆ポリシーブックを武器に

農業協同組合論のテキスト『私たちとＪＡ』（全国農業協同組合中央会、一六年）に記された青年組織の活動や位置づけは、次の三点に要約される。

第一点は、日本の「食」を支える若手農業者たちが集まり、営農強化、地域づくりなどの活動を行っている組織だということ。

第二点は、一一年度より、ポリシーブック（盟友一人ひとりが営農や地域活動をしていくうえで抱えている課題や疑問点について、盟友同士で解決策を検討してとりまとめた「政策・方針集」。以下ＰＢと略す）への取り組みを活動の中心としている。

第三点は、ＰＢの取り組みによって、コミュニケーションやリーダーシップを学び、相互研鑽《けんさん》を積むことから、地域農業やＪＡ経営のリーダーの育成組織として位置づけられる。

第二、第三の点から、ＰＢが青年組織の現在を象徴する重要な役割を担っていることは明らかで、「まさに時代に求められた武器」と評価されている。そしてこの武器を用いて、すでに二〇一〇年八月に決定された〝新たな農政運動基本方針〟の実現が期待されている。

基本方針は次の四項目からなっている。

(1) 生産者主導の農政運動を確立しよう。

(2) 自立的な農政運動を確立しよう。

(3) 民主的・公正・誠実な議論・集約を武器に幅広い政党、政治家からの信頼を勝ち取ろう。

(4) 政策提言を活用し、地域社会をはじめ国民各層からの信頼を勝ち取ろう。

（「ＪＡ全青協創立60周年記念誌『農魂』」ＪＡ全青協、一六年、一八ページ）

ＰＢやこれらの基本方針について否定する理由はない。ただし、これだけでは悠長に構えている気がしてならない。青年組織と盟友が日々活動している農ある世界が、平時ならば問題はない。今は明らかに〝有事〟である。もっと闘う姿勢を前面に出すべきである。

◆有事にこそ青年組織が行動を

青年組織が、有事においてどのように考え、いかなる行動をとるべきかのヒントとなる、過去における取り組みを前掲の『農魂』から六項目紹介する。

ア　前史ではあるが、昭和一桁期の反産運動（肥料商、米穀商などによる産業組合への反対運動）に対して千石興太郎《せんごくこうたろう》氏（農業協同組合運動の第一線で長く活動した）らの指導により反・反産運動が展開された。産業組合青年連盟（産青連）は全国各地で反・反産運動の中心的存在として活躍する。ただし若手農業者の意志と産業組合の運営が乖離《かいり》していることに問題意識を持ち、連合会の事業計画が天下り的であり地域に立脚していないことを批判するなど、産業組合・連合会・中央会に対して〝言うべきことは言う〟という「実践的批判者」のスタンスをとった。

イ　一九五三年五月、農協青年組織の組織目的のあり方・性格を定義するいわゆる「鬼怒川《きぬがわ》五原則」が採択され、翌五四年に全青協（全国農協青年組織連絡協議会）が設立される。鬼怒川五原則にある「政治的に中立の組織である」をめぐって、政治活動にどこまで関わるべきかという議論と対立がくすぶっていたが、六三年には政治に積極関与すべしとの観点から〝解釈文〟が変更される。すなわち、若手農業者の求める方向性と実際の政策のズレが次第に明確化・先鋭化してきた象徴的な出来事とされている。

ウ　農業情勢が厳しくなる中、一九七四年の「米価要求全国大会」において、怒りを爆発させた一部盟友が壇上を占拠した。この間の事情は、「行政に対する要請、陳情、請願に終始した物乞い、物もらい運動にはもはや限界がある。マンネリ化した農協農政運動を改革するのに、われわれが立ち上がらなければ！　という危機感が、あぜ道の声として村々から出てきた」（富樫《とがし》文雄氏・当時の山形県農業協同組合青年組織協議会委員長）ことから推察される。

エ　九〇年代に入るとアメリカ大使館周辺を英文のプラカードをもって取り囲んだり、市場開放論が強まるマスコミの論説委員・解説委員と盟友約一〇〇名による討論会を企画したり、従来にない運動を実施した。

オ　九二年には、「農業政策確立研究会」を設置し、一二月に「青年農業者がめざす食料・農業・農村政策」という一万字を超える提言書を作成し、政府・与野党への要請などに活用した。

カ　九三年秋、緊急輸入米を載せ横浜港に到着した第一便に対し、三隻に分乗した盟友が海上から抗議した。

もちろん、これらは組織的武勇伝としても語られることもあろうが、青年組織ならではの熱き思いを感じさせる、まさに組織運動の数々である。

これらの組織的遺伝子を眠らせておくべきではない。あの手この手を使い、ＪＡ全中を闘えない組織にしたのは、この遺伝子が目覚めることを恐れるからである。そしてこの圧力に屈して出てきた対話路線は、現場の怒りに目を背けた自己保身のための単なる逃げ口上でしかない。

◆目覚めよ！　眠れる遺伝子

最近盟友から、「トランプ大統領になって、ＴＰＰから二国間ＦＴＡ（自由貿易協定）になりそうですが、これからの農業は不安だらけです。青壮年部としてどのような反対運動をしたら良いか」という質問を受けた。〝不安だらけ〟という表現に形容しがたい胸の痛みを覚えながら、次のように答えた。

「ＦＴＡは、ＴＰＰをスタートラインにおいてはじまるはずだから、ＴＰＰ以上に日本農業にマイナス影響を及ぼすはず。当然、反対すべきだ。私も反対する。本気で反対するなら、理路整然ではなくてもいい。まず自分自身が反対であることを表明すること。組織的対応はその後。組織決定をしたら、ＪＡグループだけではなく、他の協同組合陣営、とくに生活協同組合と連携した運動を展開する。さらに、地元の商工会や青年会議所にも働きかける。なぜなら、地域農業の衰退を加速させ地域経済を低迷させることが容易に想定されるから。絶対にやってはいけないこと。それは、ＦＴＡに意欲を示す政党や政治家とつるむこと」である。

青年組織にとってもＪＡグループにとっても、「絶対にやってはいけないこと」として指摘した、最後の姿勢を貫くことが最も難しいことであろう。しかし、ＴＰＰの国会承認過程において、ＪＡグループが支援した衆参両院の議員たち全員が行った裏切り行為を、青年組織やＪＡグループはすでに経験したから、もう過ちは犯さないはず、と信じたい。

前述した基本方針（八〇ページ）の(3)には、「民主的・公正・誠実な議論・集約を武器に幅広い政党、政治家からの信頼を勝ち取ろう」があげられている。ＰＢという武器を駆使した政策論を機軸とした、政党や政治家との等距離外交を展開すべきである。

その場しのぎの甘言や巧言《こうげん》を弄《ろう》する発信力しかない政治家のパフォーマンスに見惚れ、聞き惚れる必要はない。地域に根ざした目線で、あるべき政治の姿を自分たちの素朴な言葉で提起する。これが基本方針(2)の「自立的な農政運動」の実践である。

(2)(3)を愚直に行うことが、基本方針(4)の「地域社会をはじめ国民各層からの信頼」に導くことになる。

◆地元メディアと連携を

(2)(3)(4)という基本方針を遂行するために、青年組織とその盟友に求められる姿勢を示しておく。

第一には、基本方針の(1)に示された「生産者主導の農政運動」を肝に銘じることである。より焦点を絞るなら、〝生産者〟であることの使命とプライドをもって運動に取り組むということである。使命を果たさせない、あるいはプライドを傷つける、そのような事態に対しては、兵糧攻めをするぐらいの気概が求められる。この兵糧攻めこそ、生産者が持つＰＢ以上の武器であることを自覚すべきである。

第二には、地元のメディア（新聞や報道機関）との連携を強化することだ。彼らも、地域に根ざし、地域と共に生き続ける存在である。両者が情報交流を密に行うことで、地域住民の地域農業へのまなざしは確実に変わるはずだ。これも運動の一形態といえよう。ちなみに、全国的メディアの眼中にあるのは政財界や省庁である。

第三には、学ぶ姿勢である。悲しいかな、盟友をはじめＪＡグループの構成員における、農業やＪＡ関連情報を多数掲載した新聞や雑誌の購読率が年々低下している。情報の共有は組織運動にとって不可欠だ。猛省すべきである。

◆政治家の裏切り忘れず

今、ＪＡグループはいわれなき弾圧を受けている。

繰り返すが、農ある世界は有事下にある。この間の出来事は、政権与党や規制改革推進会議が、農ある世界から発せられる声に対して、聞く耳を持たないことを証明している。自らが支援した政治家たちの裏切りも決して忘れるべきではない。彼らも弾圧する側に回ったのだ。弁解に耳を貸す必要はない。

この弾圧は、単に農業協同組合をつぶすだけにとどまらず、農業という産業の崩壊と農村社会の衰退を加速させる亡国の所業である。

農業協同組合の青年組織がその渦中にあって、闘う姿勢を示すことは間違いなく多くの人々に勇気と希望を与えるに違いない。

「ＪＡ青年組織」なめんなよ

第5章　ベテランたちへの応援歌

1　真の改革は日常のなかから生まれる

◆「わろてんか」のあのセリフ、笑えません

「あの、資本家め」というセリフが、NHKの朝ドラ「わろてんか」（二〇一七年一〇月～翌年三月放送）の中で発せられた時には耳を疑った。なにせ、安倍内閣の広報機関と揶揄《やゆ》されるNHKである。長屋芸人たちによる団体交渉と交渉決裂、その末のストライキ中に発せられたこのセリフに、今では死語と化しつつある団体交渉やストライキをめぐるほろ苦い経験を想起した人も少なくないはず。

ところが、一七年一二月二三日付の「長崎新聞」によれば、〝九州商船ストライキ　可能性高まる　労使紛争、公的解決至らず〟という見出しで、九州商船（長崎市）の長崎県本土と五島列島を結ぶフェリー、ジェットフォイル、高速船の全便がストに突入する可能性が高まったことを伝えている。

結末がどうなるかは別として、ストや団交はまだ健在。無論、無責任にけしかけている訳ではない。ただ、農業や農協をめぐる情況は、政権与党、規制改革推進会議、農水省、そして無理解な消費者に対してこれぐらいの手段で怒りをぶつけるべきものである。

◆怒りといえば

「わいわいがやがや」というＪＡ岡山の職場内報に、「岡山大学教授小松のＪＡいいます！」というコーナーをいただいている（一〇年六月からほぼ年四回のペースで一八年三月まで通算二九回の連載。本書にすべて収録）。その第二〇回（一五年九月）に掲載された、「イカリ」と題する拙文を全文紹介する。

私「久しぶりに、デモに行きます」
妻「アベセイジヲユルサナイ、ですか」
私「知ってたの。一緒に行きますか」
妻「そうね、行ってみようか」ということで、私にとっては四十数年ぶり、妻にとっては人生初体験の参加となりました。

参加者のほとんどは同世代とおぼしきシニア層。俳人金子兜太《とうた》氏の揮毫《きごう》によるプラカードを午後一時、全国一斉に掲げました。解散後、妻の「物足りない」という想定外の挑発に乗って、駅前の大型ショッピングモールに通じる地下道にて、プラカードを掲げていた方々と合流し、昔を思い出しながらも、かつてとは一味違《アジ》うアジテーションを披露しました。

テレビや新聞では報道統制がしかれているのか、なかなか知る機会がありませんが、結構な動きとなっているようです。こんな報道統制で救われている党の国会議員や売文家がマスコミ批判をするのは噴飯ものです。

興味深かったのは、もっと無視されるかと思いきや、道行く人の年代や性別に合わせた心の琴線に触れる端的な言葉で訴えると、その表情に共感を示す微妙な反応が見られたことです。あきらめるにはまだ早い、ということでしょうか。

還暦過ぎたわれわれ夫婦の重い腰を上げさせる、やはり怒りのマグマはかなり蓄積されているようですが、その表し方がわからないということでしょう。

怒りを忘れているのはＪＡグループも同じです。ＴＰＰや改悪農協法、押しつけられた自己改革など、もっと怒るべきでしょう。しかし、昨年（一四年）末の衆議院選挙で明らかになったストックホルム症候群（被害者が加害者に対して過度の同情や好意等を抱くこと）は悪化の一途をたどり、一五年秋に予定されたＪＡ全国大会の組織協議案などを見ると、官邸や監督官庁への相も変わらぬお追従《ついしょう》のオンパレード。このような体たらくを続けていたら、組合員はもとより、少なからぬ信頼を寄せてエールを送ってきた国民や研究者からも愛想尽かされるのは必至です。

そもそも、「協同組合の母」と位置づけられるイギリスのロッチデール公正先駆者組合は、劣悪な労働条件と低賃金による貧しき生活に苦吟《くぎん》する労働者階級の怒りを背景として、この世に産声を上げたのです。

設立に関わった先駆者二八人の偉大さは、社会への正当なる怒りが、言葉と行動で表現されることによって、社会的に認知され継続性を獲得できるように、怒りの根源を冷静に分析し、八項目にわたるロッチデール原則※を産み出したことです。この原則により、協同組合は社会的存在として、地域社会や人々の心に錨《いかり》を下ろすとともに、国境を越えて普遍的存在となるわけです。

怒りを錨に変える血の滲《にじ》む労苦こそ、自己改革と呼ぶに値するものです。

※ロッチデール原則（八項目）

①民主的運営――出資の多寡や性別に関係なく一人一票の議決権を有する。

②自由加入制――門戸の開放と加入・脱退の自由。

③出資金に対する利子の固定あるいは制限。

④購買高配当——市価販売によって生じた余剰金を組合員の購買高に応じて配分する。
⑤現金取引（労働者の負債を防ぐためとされる）。
⑥純粋で混じりもののない商品のみを販売する——量目を正確にし、品質本位とする（物価が上がっても値段が上げられなかった当時の社会情況では、混ぜ物を入れたり、重量をごまかすことが多かったためとされている）。
⑦教育の推進——余剰金の一部をもって組合員の教育の推進を図る。
⑧政治的・宗教的中立。

二年以上も前のコラムではあるが、残念ながら今のところ怒りを忘れたストックホルム症候群は治癒する兆しを見せていない。

◆なぜ〝マイペース〟自己改革になるのか

一五年一〇月に開催された第二七回ＪＡ全国大会では、政府からの「農協改革」の提起を受け、「創造的自己改革」に取り組み、「農業者の所得増大」「農業生産の拡大」「地域の活性化」にむけた「食と農を基軸として地域に根ざした協同組合」としての役割を発揮して、持続可能な農業と豊かでくらしやすい地域社会の実現をめざすことを組織決定した。

改革という言葉に目を奪われがちだが、「農業者の所得増大」、「農業生産の拡大」、そして「地域の活性化」、いずれも戦後農協が創設されて以降、強弱はあってもずっと取り組まれてきたことである。もちろんこれからもやり続けねばならない、永遠の課題といえる。

田代洋一氏（横浜国立大学名誉教授）が雑誌『労農のなかま』一七年九月号の「農協『自己改革』の取組実態と課題」という論考で特徴づけた、従来の農業振興策の延長である「マイペース自己改革」に、多くのＪＡがうならざるをえないのは、このためである。

結局、怒りを錨に変える血の滲む労苦とはほど遠い、農協改革という売り言葉に対する、買い言葉が創造的自己改革、ということ。だから、役員や管理職から囁《ささや》かれる「もう何年も前から取り組んでいるので、今さら何をすればいいの」という、ぼやきとも取れる質問に対しては、「そうなんです。目新しいことを取って付けたようにやる必要はありません。今までの取り組みをより誠実に、正確に、より深く、魂を込めて取り組んでくださ い。そして、組合員さんには事あるごとに、これがわがＪＡの自己改革です、とアピールしてください」と、答えている。

ベテランの職員に対しては、なおのこと強調しておきたい。創造的自己改革のもとでは、目新しいことをする必要はまったくない。誤解を恐れずにいえば、まずは、日常の業務を誠実に、正確に、より深く、魂を込めてやり続けることに尽きる。本当の自己改革の課題は、その中から姿を現してくる。

◆組合員と役職員の協働でアクティブ・メンバーシップを確立する

その大会決議で唯一注目したのが、重点実施分野の一つにあげられた、「組合員の『アクティブ・メンバーシップ』の確立」についてである。

アクティブ・メンバーシップとは、組合員が地域農業と協同組合の理念を理解し、「わがＪＡ」意識をもち、積極的な事業利用と協同活動に、個々のニーズや考え方に基づいた多様な関わり方で参加することである。

ＪＡに加入しその理念を共有するだけではなく、組合員組織活動や支店協同活動に参加し、意思反映や運営参画にまで関わることが期待されている。

しかしこれも、表現こそ目新しいが、組織者であり、運営者であり、利用者である、という組合員の三位《さんみ》一体的性格からすれば、〝当事者意識を有した組合員づくり〟という至極当たり前のことである。この当たり前のことを、わざわざ大会で決議しなければならない所にこそ、今のＪＡが抱える本質的な問題がある。

その問題克服の願いを込めて、正組合員、准組合員のメンバーシップを強化することに加えて、〝農協運動者としてのＪＡ役職員づくり〟を謳《うた》っている。役職員にもこれまで以上の当事者意識を求め、組合員と役職員の協働によってアクティブ・メンバーシップを確立し、農業協同組合としての使命を遂行することを求めるものである。

◆ケアの精神がプライドの源

ところが最近、中堅の職員から、「ＪＡ職員としてのプライドの保ち方」について質問があった。「金融の営業、共済の営業を経験してきました。組合員の方から助けてもいただきましたが、時々、金融機関や保険会社の営業と変わらないと感じてしまうことがありました」というのが、質問の背景。一般の会社員との違いは何か。そこがやりがいであり、プライドの裏付け。そこに自信が持てなくなりつつある、ということである。

近年、〝組合員満足度〟の向上が先か、〝職員満足度〟の向上が先かの議論がある。卵が先か鶏が先かの議論のようで、さほど重要な議論とは思われないが、強いて問われれば、組合員満足度が先に来るべき、と答えている。

組合員が農業協同組合に結集し、その弱者性を克服することで、経済的社会的文化的地位を向上させていく。組合員の地位が向上していく情況を、自らのよろこびとするのが職員、と考えるからだ。

悩んでいる彼が比較する金融機関や保険会社の営業マンとの違いの多くは、一つは組合員と顧客の違いから、もう一つは組合員間にある相互扶助の精神からもたらされるものである。彼自身がいっているように、組合員は職員に対して、〝助けてあげたい〟という身内意識をもっている。それに甘えすぎるのはよくないが、その距離感は一般の会社員と顧客の間のものとは大きく異なっている。

相互扶助の精神については、協同組合原則における協同組合ならではの価値の一つに取り上げられている、〝他者への配慮（caring for others）〟に注目したい。ＣＡＲＩＮＧ、すなわちケアの本質的に意味するところは、他者に対する配慮や気遣いである。協同組合の事業や活動は、このケアという理念を軸に取り組まれている。

共済を例に取り上げれば、金銭的に評価できる危険への準備として開発された「純粋なる保険の仕組み」を活用しているのは、保険も共済も同じである。しかし、この仕組みを商品化し、単純に売買しているのが保険。加入者は、他の加入者の存在を意識する必要はない。

他方、危険に対する組合員同士の相互給付の「仕組み」として実施される共済においては、自分の危険への備えとしての掛金が、今まさに危険が現実化し、その立ち直りの資金を必要とする加入者である組合員のために活用されることを第一義とする。そこには、どこかで困っている、名も知れぬ他者としての組合員の存在が想定されている。共済も保険も同じ、と組合員や役職員が思っているとすれば、農協運動者としては大切な視点が欠落している。なぜなら、自分が困っている時に、黙って支えてくれている、どこかにいる組合員の存在を、想像できない人や組織であるからだ。

単純な利害得失ではなく、ケアの精神で事業や活動が取り組まれていることを今一度見つめ直すことを通じて、農業協同組合と一般企業との違いを再確認すれば、ＪＡ職員としてのプライドを取り戻すことが出来るはずである。

◆協同の力でＱＯＬの向上

多様な事業や活動を通じて、組合員の経済的社会的文化的地位の向上を目指すことは、換言すれば、組合員のＱＯＬ（Quality Of Life）、すなわち生活の質の向上を目指すことである。だとすれば、現下の農業や農村をめぐる諸問題の中で、組合員のＱＯＬが向上しているかと問われた時、向上していると自信をもっていえる情況ではない。

例えば農村の高齢化問題を取り上げ、それとＱＯＬの関係をモデル的に図示する（図参照）。家族の介護問題などを想像するだけで、伸びる寿命とそれに追いつけないＱＯＬの関係が理解されよう。筆者はそのギャップを「生き地獄」と表現している。

図　生き地獄（＝寿命－QOL）の協同の力

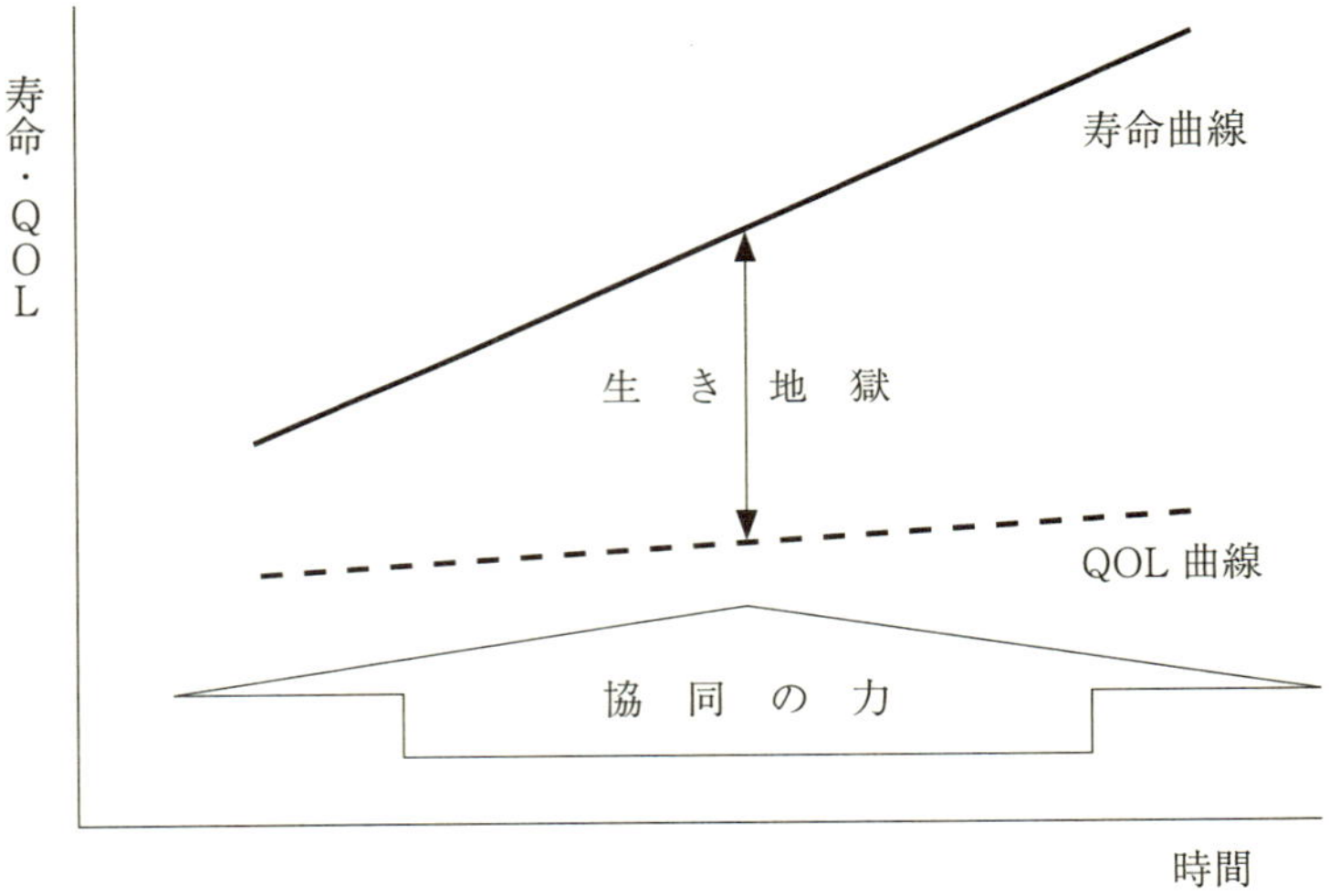

組合員を「生き地獄」状態に陥らせないためには、ＱＯＬ曲線の底上げが不可欠である。底上げに求められるのは、「国の力」「個人の力」そして「協同の力」という三つの力である。これらはいずれも必要不可欠のものである。しかし、社会保障費の削減などから「国の力」には、悲しいかな多くを期待できない。また、格差拡大の中で「個人の力」を求めるには限界がある。農業協同組合において、これまで営々として取り組まれてきた事業と活動は、明確に意識されたものではないにせよ、いずれも「協同の力」によるＱＯＬの底上げに貢献するものである。「国の力」「個人の力」が低迷する中で、図が示すように「協同の

力」には期待せざるを得ない。

〝明確に意識されたものではないにせよ〟と述べたが、今後は、明確に意識して取り組むことで〝事業と活動の質〟を向上させ、ＱＯＬの向上に繋《つな》げていかねばならない。そしてその成果がＪＡ職員にモチベーションとプライドの向上をもたらすことになる。

◆積善の家を守り育てる

過日、二〇代の女子職員から、「組合員が求めるものと、ＪＡの方針に違いがあるとき、どうしても組織の立場を強調しがちであるが、どちらの立場に立つべきか」という質問を受けた。

もちろんケースバイケースではあるが、「原則として、ＪＡの方針をきちんと説明することを前提としたうえで、納得を得られない場合は、組合員の考えを尊重すべきである」と、回答した。

組織と組合員の利害のはざまに立たされた時、優先すべきは組合員の意向。農業協同組合が、この原則を踏みはずす時、職員も組織も堕落する。

積善余慶《せきぜんよけい》という言葉は、「善行を積み重ねた家には必ず子孫にまで及ぶ幸福がその報いとしてやってくる」ことを意味している。これまで果たしてきた役割を振り返る時、農業協同組合は積善の家たる資格を十分持っている。そして今後もその役割の遂行が期待されている。

雑誌『労農のなかま』編集部から提供いただいた各種職員アンケートには、職場としての農業協同組合の問題点が山ほど寄せられている。

高邁《こうまい》な理念通りには運営されていないことは重々承知している。理念が高邁であればあるほど、現実とのギャップが際立つことも否定できない。

他方で、組合員の期待が大きいことも事実である。これまでの歴史的積み重ねに自信を持ち、日々の業務を誠実に遂行することで、その理念の実現に近づき、これまで以上の積善の家となる。

組合員、役員とともに、農協労働者も積善の家の作り手であり担い手である。その責任の重さがもたらす苦しみの中に、他業態の労働者には味わえない喜びがある。

組合活動に力を注いできた、ベテラン職員であるあなたの、組合員に対する熱い想いが、農協の今を支え、未来を創る。

2　「ワイワイガヤガヤ」の力・柔軟さ

本節「『ワイワイガヤガヤ』の力・柔軟さ」の基となったのは、「JA岡山職場内報わいわいがやがや」に連載したもの。JAの職場で活躍されているみなさんが読者でしたから、若い方々にも読んでいただきたいのはもちろんのこと、「ツーといえば、カーと返ってくる」ベテラン職員の方々に向けて〝本音の表現〟で書きました。

次ページの〝ゾーシャルキャピタル〟に書いていますが、「ワイワイガヤガヤと自由に意見を出し合う」ことが活力を生みます。またその牽引《けんいん》者となるのはベテラン職員の方々でしょう。そう考えてこれを第5章に配した次第。風通しのよい〝場〟として読んでもらえればと願っています。では、始めましょう（文体は連載当時の「ですます」調のままにしました）。

◆ソーシャルキャピタル

「女性部があるんですか！　男性の組織かと思ってました」とは、二〇一〇年五月一九日に行われたJA岡山女性部女性大学いきいきカレッジでの講演帰りに乗ったタクシーの運転手さんの言葉です。もちろん、この講演では、JA運営も農業も女性の参画なしには考えられないこと、そして女性の学ぶ姿勢が旺盛なことなどを、しっかりとお話しいたしました。

講演でのキーワードの一つが、〝ソーシャルキャピタル〟でした。これは、社会関係資本とか人間関係資本とか訳されていますが、信頼関係、相互扶助、人的ネットワークといった、人や組織におけるつながりを資本とか資源としてとらえた考え方です。具体的な形として存在するものではありませんが、このような関係性が豊かな組織や社会が望ましいことはいうまでもありません。よくよく考えれば、相互扶助、協同がソーシャルキャピタルそのものですから、女性部や協同組合にとって、もっともふさわしい言葉です。

職場においても、職員同士や職員と組合員のネットワークの形成、さらには信頼関係の構築がきわめて重要なことだとすれば、職場内人間関係資本の創生と蓄積を意識した、日常的な取り組みは不可欠です。といえば堅苦しいのですが、職場のみんなが情報や喜怒哀楽を共有し、課題解決に向けてまさにワイワイガヤガヤと自由に意見を出し合い、納得ずくの一体性のある行動をとる。まずは、そんな風通しのよい、活力にあふれた職場づくりをめざすことです。

組合員の営農と生活、つまりはくらし全体を少しでもより良きものにする、というＪＡの使命を達成するために、そしてそのことを自らの喜びとするために、ちょっと立ち止まり、いま何をすべきかをみんなで考える。そのような〝場〟の一つにこの連載がなればとの期待とともに、喜びを分かち合えるよう、一つでも多くのヒントやキーワードを提供していきたいと思っています。

◆カンバン

「嘱託職員の私だってＪＡというカンバンを背負っています。組合員や利用者の方々にとって、正職員か嘱託か、そんなことは関係ないんです。カンバンに恥ずかしくない仕事をしたい。そのためには、農業協同組合が他の職場とどう違うのかについて、もっと知りたい。そう思ったから、『資格を取っても無駄だよ、賃金には影響しないから』という上司の〝ご親切な忠告〟を無視して、農協職員資格認証試験を受け続けてきました」と語る葬祭センターの嘱託女性職員の言葉に、研修会場の空気はそれまで以上に、張りつめたものとなりました。

初級、中級、そして上級を、ＪＡの資金的支援を受けることなく、そしてすべて、一回でクリアーした彼女が語る、資格取得にかける思い、研修会に参加することの重み、その一つひとつが、参加者に大切な忘れ物を気づかせたようです。研修会の講師であった私の背筋も、ピンと伸びたことが思い出されます。

しかし誤解を恐れずにいえば、私の背筋を伸ばしてくれたのは、縁あって出会った〝仕事〟を、誠実に遂行していくために欠かすことのできない〝まなび〟に対する彼女の真摯《しんし》な姿勢です。決して、カンバンに象徴される組織に対する忠誠心ではありません。

悲しむべきことですが、組織はあなたを裏切ります。しかし、仕事はあなたを裏切りません。だからこそ、まなび続ける不断の努力を支えに、納得できる仕事をし続ける努力が求められるのです。

大切にしなければならないカンバンがあるとすれば、それは自分自身の名前です。大切な自分の名前を傷つけたり、貶《おとし》めたりすることなく、〝自分に、成長した自分を会わせる〟そのための貴重な機会や方法として、教育や研修は用意されています。

自分という、世界にただ一つしかないカンバンを磨き続ける役職員に満ちあふれた職場を、誰も裏切れないはずですよネ。

◆ゴカン

携帯電話の着信音に気づかず、悠然と廊下を歩いていく学生を追いかけ、大声を張り上げて注意を促すと、やおらイヤホーンを外し、私の胴間声《どうまごえ》の意味をやっと理解してくれました。この出来事は、〝現在〟が発している音や声に耳を閉ざしている人が少なくないことを私たちに伝えています。もしも多くの人々が、耳だけではなく、目・舌・鼻・皮膚に、〝現在〟を触れさせていないとすれば情況は深刻です。なぜなら、外界を感知するための五感が錆《さ》び付き、意思・感情・思考を伝達しあうためのコミュニケーション能力は確実に劣化、退化するからです。

あるコンサルタントが、優良保険代理店の経営主に業績好調の秘訣を聞いたら、「常にお客さまのことを考えている。直接的な会話はもとより、ぼやきも聞き逃さず、表情のかげり、仕種の変化も見逃さず、その人が困っていることの解消に手伝えることはないかを考えている」と、答えたそうです。まさに高感度の人間センサーをフル稼働させているのです。

ＪＡグループの新採職員の何人かから「コミュニケーションが苦手だが、どうしたら能力を高めることができるか」、という質問を受けたことがあります。もし彼ら彼女らがほんの数ヶ月前までイヤホーンで耳をふさいでいたとすれば、その能力を一朝一夕で高めることは不可能です。心から願うのであれば、聴きたくないものに耳をそばだて、見たくないものを真正面から見据え、酸いも甘いも舌で味わい、熱いもの痛いものにもあえて触れ、腐臭悪臭に鼻をつままず、五感を鍛えること。

そして、自分の思いを伝えよう、相手の思いを受け止めようと、誠実に努力すること。その積み重ねのご褒美がコミュニケーション能力となって与えられるのです。

かつてお世話になった漢方医は、私の話に耳を傾け、温もりのある掌で脈に触れ、肌の色つやや体温を確認してくれました。それだけでどれだけ穏やかな心持ちを得たことか。多くの組合員が、そんな職員との出会いを心待ちにしています。

◆ジンザイ

卒業式シーズンを迎えていつも思うことは、さほど相性が良くなく、的確な指導ができず、成長する機会を提供できなかった学生のことです。社会に出て、良き上司や同僚に恵まれ、成長した姿を見せてくれたときは、上司や同僚の方々に御礼を述べたくなります。

「よくぞ、成長させてくださいました」と。

「職員との飲み会で車の話になり、代表が乗っている車以上のものには乗れないですよ、と若い職員が言うから、じゃー少しハードルの高いのに乗ってやるか、ってこと」とは、高級外車で圃場《ほじょう》廻りをしている農事組合法人代表の言葉です。

このエピソードは、上司を超えられない、あるいは上司を超えづらい部下の能力を、いかにして引き上げるか、というジンザイ育成法を考えるうえで極めて示唆的です。

部下を育てるうえで、上司の取るべき姿勢として、つぎの二つが考えられます。一つは、この法人代表のように自分自身にも高いハードルを課し、先頭を走り続けようとする、トップランナー型です。もう一つが、有能な人材を育て上げることを自分の仕事として位置づける、いわば鷹を生みだす鳶《とび》型です。

私自身のこれまでを振り返ると、確かに伸び代《しろ》があった時には、負けるものかと学生と張り合いました。彼ら彼女らへの誉め言葉が、「あなたより、学生の方がよっぽど優秀ですね」と、聞こえたこともありました。もちろん、自分も成長する、という意欲は大切ですが、一つ間違えば、伸びる芽を摘むという大罪を犯すことにもなりかねません。トップランナー型上司を待ち受けている落とし穴かもしれません。

伸び代が少なくなるにつれ、学生と張り合うのではなく、彼ら彼女らすら気づいていない能力を引き出し、生きる力にみなぎった人材を生みだすことが仕事である、と考えられるようになりました。今では喜んで鳶型上司を目指しています。

トップランナー型と鳶型、いずれが有効かについては、経験年数や職種、互いの資質などで異なります。いずれのタイプにせよ大切なことは、成長志向の欠如した〝人罪〟を生みださないように、職員を人材、さらには財産すなわち人財として大切に育て上げるための職員間の協働作業が、当たり前のこととして行い続けられる職場風土を創りあげていくことでしょう。

◆ディスカバー

「ディスカバー・ジャパン」というキャンペーンを、JRの前身である旧国鉄がはじめたのは、今から四〇年以上も前の一九七〇年でした。当時の自分を思い出し、感傷に浸ろうというわけではありません。「日本を発見し、自分自身を再発見する」をコンセプトとした、今でも通用しそうなセンスの良さが光る宣伝文句が、あの三月一一日以降、生まれた時とは大いに異なるメッセージを携えて甦ってきたのです。

通常は、偶然あるいは探検などで、人や物を「発見する」という意味で用いられるディスカバー（discover）ですが、その原義は、「覆い（cover）を取り除く（dis）」ことです。今まさに、国家、組織、そして人々を覆っていたものが、天災と人災によって引き剥《は》がされ、平時には隠されていた、あるいは見えなかった、善きこと悪しきこと、それらすべてが白日の下にさらされ、これでもかといわんばかりに見せつけられています。

新しい発見に勇気づけられたり、失墜した権威に憤りを感じたり、何もできない自分の無力さに失望したり、その振幅は決して小さいものではありません。

しかし、その振幅に翻弄《ほんろう》されるのではなく、眼前に繰り広げられる出来事に対し、目をそらすことなく、表も裏も、真も偽も、清濁併《せいだくあわ》せ呑《の》む、そんな姿勢や覚悟が求められています。なぜなら、今まで目に触れなかったものに正対することで、何が本物で何が偽物かを見極める能力が高まり、同じ過ちを犯さない可能性が高まるからです。

人間の努力にも能力にも限界があることを思い知ったうえでの話ですが、ディスカバーには、人や組織が潜在的に有している才能や能力などを見出し、発掘するという魅力的な意味もあります。

農業協同組合が、いかなる時も当たり前のこととして取り組んできた、助け合い、ふれあい、絆づくりが注目されていることもその一例です。だからこそ、営々として築き上げてきた組合員との信頼関係の原点が、評価されていることに自信を持ちつつ、しかし先駆者としての自覚を忘れるべきではありません。

人も組織も、うわべだけの飾った輝きではなく、覆いを取られたとき、その本質に根ざした、深みのある光、底光りを放ちたいものです。

◆ゲンバ

ゲンバ、それは『踊る大捜査線　THE　MOVIE』のクライマックスで、会議室に鎮座し、現場感覚に乏しいがために一生懸命考えています、という雰囲気だけは出そうと、眉間《みけん》に皺《しわ》を寄せて小田原評定を続ける面々に向かって、あの青島刑事（演者・織田裕二）が叫んだ名台詞、「事件は会議室で起きているんじゃない。現場で起きてるんだ！」の現場です。流行語にもなったのですから、こんな叫び声を上げたい人は少なくないのでしょう。

最近、JAグループにおいても現場力の強化が課題にあげられています。普通、現場とは「事件や事故が現在おこっている、あるいはすでにおこった場所」を指しますが、会社などでは、管理部門に対する「実務部門」を意味しています。広くとらえると実務を行っているところすべてが、当事者にとっては大切な大切な現場です。〝大切〟という視点にこだわるならば、協同組合における現場とは、組合員と日常的に接する所、典型例は支所、となります。

支所力強化で成果を上げている優良事例JAには、全国からの視察者が引きも切らず訪れるとともに、担当役員は講演依頼で引っ張りだことのこと。まさに支所力ブーム。でも不思議ですよね。組合員との日常的な接点を強化せずして、協同組合を名乗れるはずが無いのに。

閑話休題。現場力、支所力を強化しようという当たり前の動きを、一過性のブームに終わらせないためには何が必要なのでしょうか。

誤解を恐れずにいえば、継続的に支所同士が切磋琢磨《せっさたくま》する情況を、意識的に創り出すことです。広域化すればするほど、支所が置かれた情況は一様ではありません。事業伸長率などの一律的な基準だけで優劣をつけることはできません。あくまでも、ライバルは「昨日の自分」。前年度と比べて、何が伸び、何が停滞したのかを評価するとともに、組合員の事業面や活動面への参画情況なども、これまで以上に評価対象とすべきです。さらに、支所長のリーダーシップのもとで、職員集団が創意工夫を凝らした取り組みを企画・実践できるような、権限の委譲や予算措置が不可欠です。裏付けの無い、単なる叱咤激励では人や組織は動きません。

支所は、協同組合を支える所です。組合員と職員がいきいきと交流を重ねている支所やゲンバが多数を占めるＪＡにだけ、明るい未来はやってきます。

◆ホウトウ

二〇一一年九月初旬、ＪＡ長野中央会主催の非常勤役員研修会に講師の一人として出席しました。もう一人の講師が『TPP亡国論』(集英社新書、二〇一一年)の著者中野剛志《たけし》氏でした。氏の論旨は明快で、TPPは、「自由貿易」だとか「開国」というイメージやムードで世論、国論づくりが進められているが、農業はもとより、金融、サービス、人の移動など、国益に多大な影響を及ぼす要因が多数内包されており、絶対阻止すべきもので、とりあえず交渉のテーブルにだけは着きましょう、という姿勢すら禁物、というものでした。

「もしTPPへの参加が決まったら、農業者やJAはどうしたらよいのか」という参加者からの質問に対しても、「参加が決まったあとのことは考える必要はありません。だって、終わりですから……(苦笑)」という、何とも素っ気ない言い振りが、ますますTPPの欺瞞《ぎまん》性と反対運動の必要性を、参加者全員に印象づけたようです。

ただし、研究に携わる者は、〝だから言ったでしょ!〟で、済むのかもしれませんが、当事者にとっては死活問題であり、苦笑混じりでやり過ごすわけにはいかないでしょう。では自分ならどう答えるか、という自問の結果として出てきた戦略が、食料生産のプロとしての強みを最大限に生かした「強みこそ武器」というもので、さらにそこから提起されるのが、ソフトとハード、両面からなる戦術です。

まずソフト戦術は、国外からいかなる農畜産物が来ようとも、多くの国民に支持され、選ばれ続ける農畜産物を生産するという、オーソドックスな誠実かつ愚直な戦い方です。

他方、「伝家の宝刀」を抜くことが、ハード戦術です。ＴＰＰ賛成論者や無理解な国民に対して、農畜産業なかりせばという情況を現実に示すべく、全国の農畜産業者がゼネルストライキに突入することです。まさに平成の兵糧攻めです。

ストライキが死語となりつつあるわが国では、過激かもしれませんが、農産物の生産額が年間四・一兆円程度減少し、食料自給率が四〇％から一四％程度に減少するという、農林水産省による影響試算を国民に体験してもらうことも、有事への備えとして不可欠なことでしょう。

もちろん、宝刀を錆び付かせないためにも、そして竹光ではないことを世に知らしめるためにも。

◆スモール

〝大きいことはいいことだ♪〟

型破りでひょうきんな指揮者が、気球の上からタクトを振るＴＶコマーシャル。放送されたのは、わが国が敗戦から復興期を経て、経済大国への道をひた走っている一九六七年です。あれから半世紀ほどたった今、無条件に規模の大きさだけを誇ることの愚かさ、虚しさを多くの人が感じています。しかしその一方では、〝小さいことはいいことだ！〟とも言い切れない、もどかしさも禁じ得ないのです。ケースバイケース、規模の大小だけでは判断できない、一筋縄ではいかない情況のなかに、人も組織も立ち至っているようです。

今年（一一年）五月に開催された日本協同組合学会に出席した際の成果の一つが「Think small first」（小さいものを第一に考える）、「Listening to small business」（小企業の声を聴く）という二つの言葉を知ったことでした。報告者の三井逸友《いつとも》氏（横浜国立大学教授）によれば、「Think small first」は、二〇〇二年ごろから欧州委員会（EUの行政執行機関）の公式文書のタイトルにあげられ、EUの各施策に対して中小企業重視の姿勢の強化を求める根拠となっており、英国政府などはこの言葉を、自国の中小企業政策の基本理念に掲げているそうです。

「Sink small first」（小さきものからまず潰せ）でやってきた、わが国でこそ参考にすべき理念ですが、合併に合併を重ねてきた、あるいはそうせざるを得なかった農業協同組合も、自省しつつ肝に銘ずるべきでしょう。

今秋講演に行った広域大規模JAでも御多分に漏れず、組合員の結集力が弱まり、JA全体の活力が低下していました。

危機感を覚え、昨一〇年から、組合員がみずから協同の力で地域を活性化しようという目的をもって「地域農業・農村の明日を考える会」を支所ごとに起ちあげました。しかし、期待されるような効果は出ていません。組合員から盛り上がったものではなく、役職員から提起されたものですから、当然でしょう。講演で発したアドバイスは、「できない理由を探す暇と知恵があるなら、組合員が必要とすることを一緒になってまず一つやり遂げること。それを一堂に会して発表し合い、情報・ノウハウを共有すること」でした。

悲しいかな、協同活動は規模が大きくなるに従って弱くなりがちです。だからこそ、小さな集まり、小さな取り組みを大切にしていかねばなりません。小を大切にせずして大となったものを〝独活《うど》の大木〟と呼ぶのでしょう。小さきものを第一に考えること（THINK）のできない協同組合には、沈没（SINK）あるのみ。

◆シアワセ

「現在、あなたはどの程度幸せですか。『とても幸せ』を一〇点、『とても不幸』を〇点とすると、何点くらいになると思いますか」という問いは、内閣府が行っている国民生活選好度調査における質問項目の一つです。この調査の結果は、平成二一（二〇〇九）年度も二二年度も、男性が六・二、女性が六・七、全体が六・五でした。両年度とも、女性の方が幸せと感じる割合が多くなっていますが、年齢階層ごとの数値を見ても、すべての年代で女性が男性の幸福度を上回っています。何歳であろうと、女性の方が「いま、私は幸せです」と、感じている割合が多いのです。

この調査に触発されて、私の研究室の学生が、岡山県農山漁村生活交流グループの女性リーダー一二四人を対象にして、同様の調査を行いました。その結果は、五〇歳代が八・二、六〇歳代が七・四、七〇歳代が七・七、そして八〇歳以上が、八・四。予想以上の高さに驚くとともに感心した次第です。リーダーであることによって幸福度が高まったのか、幸福度の高い人だからこそリーダーとなり得ているのか、因果関係は不明ですが、決して右肩上がりではない農業や農村をめぐる情況のなか、農村の女性リーダーが、今の自分を幸せな存在として位置づけていることは注目に値します。

もちろん、感じていることを聞いているのですから、実際に幸せであるのかどうかは分かりません。「この程度で幸せに感じているの！　お幸せなこと」と、皮肉をいう人の存在も容易に想定されます。しかし大切なことは、「感じる」ことです。

名だたる県内果樹産地でブドウを作っている新規就農者が、「自分たちは希望に満ち、誇りを持って就農しようとしたのに、現場の生産者たちから、当地の果樹には将来性がない、もうダメ、といわれてがっかりしました。でも産地を衰退させているのは、ダメだと思っているその人たちです」と、語ってくれました。

ダメだ、イヤだと愚痴りながら作った農畜産物が、人の心や胃袋をつかめる訳がありません。産地として衰退するのも無理からぬことです。

閉塞感と無力感がいやでも漂っている今、何事もなかった時には見過ごしていたような小さな幸せが、一時の安らぎと希望の兆しを与え、明日に向かって一歩踏み出すための勇気と活力を生み出してくれるのです。

女性は幸福に敏感。男性は不幸に敏感。

願いかなわぬ己の薄幸をなげくことに余念のない悲観論者よりも、シアワセを感受する姿勢の旺盛なる楽観論者にこそ、幸福の女神は微笑む。

◆ジダイ

今秋（二〇一二年）、第二六回全国ＪＡ大会が、〝協同組合の力で農業と地域を豊かにする「次代へつなぐ協同」〟をメインテーマに開催されます。

これまで農業生産の主体であり、農村の担い手であり、ＪＡを作り上げてきた昭和一桁生まれの専業・兼業農家、すなわち組合員第一世代の大量リタイアが迫っているという情況が、このテーマを設定した背景として存在しています。しかし多くのＪＡや連合会において、第一世代を中心にした事業運営が展開されてきたため、次世代や若年層の多様な要望に即したきめ細かな対応ができていない、また、ＴＰＰをはじめとする農業を取り巻く情況を視野に入れるとき、消費者との信頼関係の構築は不可欠である。だからといって、第一世代にそのような役割を課すことはできない。だとすれば、次代を担う人々を早急に結集させることこそが喫緊の組織的課題である、と位置づけたわけです。

テーマの狙いとするところが、このように要約できるならば、ＪＡグループにおける後継者問題への着手宣言と理解してもよいでしょう。

後継者問題、すなわち組織的な意思決定権限のスムーズな世代間委譲は、組織にとってきわめて重要な課題です。ただしそのことと、組織としていかなる役割を果たすべきか、という課題は峻別すべきです。

内閣府の『平成二三（二〇一一）年版高齢社会白書』によれば、二〇一〇年一〇月時点でわが国の高齢化率（総人口に占める六五歳以上の割合）は二三・一％、五人に一人が高齢者で、世界のどの国も経験したことのない高齢社会に入っているとのこと。医学、衛生、栄養の進歩のたまものですが、見方を変えれば、簡単には死なせてくれない社会になった、ということです。なぜこんな皮肉な言い方をするのか。それは、生活の質（Quality Of Life＝ＱＯＬ）が、寿命の延びに伴って向上していない、あるいは低下も想定されるからです。延びる寿命と向上しない生活の質、このギャップを私は「生き地獄」と呼んでいます（本書九八ページの図も参照）。

ＪＡ大会の資料に目をやると、正組合員の四二％、一八五万人が七〇歳以上です。この方々は、「生き地獄」とは無縁なのでしょうか。「農」のつく世界は、超高齢社会を突き進んでいます。高齢社会の望ましいあり方を世に提起することは、先行するものに課せられた使命です。さらに、高齢者の現在は、次代にとっての〝すでに起こった未来〟です。

「おじいちゃんＪＡだよ」という自嘲気味の言葉を組織の強みと評価して、事業・活動と高齢社会との接続のあり方について皆が知恵を出しあうところから、ＪＡグループならではの「次代へつなぐ協同」が紡ぎ出されるはずです。

◆ワホウ

「口下手なので、組合員さんや利用者の方に事業をお勧めすることが苦手です。どうしたら上手く話せるようになれますか」との質問に、寝かさない講義や講演をめざし、しゃべりには過信気味の私が、「話し下手の人が羨《うらや》ましい」というと、不思議そうな顔をされます。でも、本心です。

「沈黙は金」です。いくらがんばっても「雄弁は銀」どまり、という苦い経験に加えて、上手く話そうとすればするほどどこかに脚色・演出が入り、不自然な雰囲気が漂ってきます。当然、先方様はお見通しです。

ところが、口下手な人が額に汗して不器用に言葉を選びながら、誠実に何かを伝えようとする姿には、多くの人が好感をもつのです。対極にあるのが、セールストークやセールススマイルです。あの媚《こ》びへつらった浅薄なしゃべりや笑みを思い浮かべれば、なるほどと腑に落ちるはずです。

では、ＪＡ職員にどのような話法が求められるのでしょうか。まずは、協同組合にセールスが必要なのかどうかから考えるべきです。組合員を顧客と位置づけるなら、売り込み、営業としてのセールスは必要なのでしょう。しかし組合員は協同組合の運営や事業・活動に責任を有する主権者です。セールスの対象とは失礼千万。

職員の役割は、組合員の生活の質をより良きものとするために、多種多様な事業や活動のなかから選び出した効果的なものを提案し、一緒になって最善の策を検討することです。まずはその内容と提案に至った経緯を、細大漏らさずきちんと説明することに注力すべきです。分かりやすい説明の仕方や表情づくりはそのあとの話。

人様の前で話す時の自戒の一文が、「あなたは誇りを持って自分の作った製品を買いますか？」（今井正明『カイゼン』講談社、一九八八年、二七八ページ）です。これは、アメリカの工場労働者が品質管理活動の一環で作った受賞スローガンです。貴重な時間と身銭を費やしてでも聞きたくなる講演、受けたくなる講義、まずはそれをめざすこと。自分自身が聞きたくもないものを人様に提供することはもっての外です。とは言っても、悲しいかな自分が買う気にならない商品やサービスを平気で売り歩く人が何と多いことか。

収益確保の必要性から、同じ轍《てつ》を踏む誘惑に苛《さいな》まれているのはＪＡも同じです。しかし組合員は見抜いています。誘惑に負けず、練りに練った提案をひたむきに積み重ねていく延長線上に、必ずやＪＡ職員ならではの話法が現れてきます。

◆ケア

「私がここで気に入ったプラカードは、『I CARE ABOUT YOU（あなたのことを気遣っています）』というものです。互いの視線を避けることを教える文化、『あいつらなんか死んじまえ』と平気で言うような文化にあって、このスローガンは真の意味でラディカルなものです」という文章は、ジャーナリストであり活動家としても著名なナオミ・クラインによる「ウォール街を占拠せよ——世界で今いちばん重要なこと」（『世界』二〇一一年一二月号）の一節です。

この文章に触れたとき、とくにＣＡＲＥという単語に目が行きました。協同組合の羅針盤とされる協同組合原則において、協同組合ならではの価値の一つとして、〝他者への配慮（caring for others）〟があげられているからです。CARING、すなわちケアすると書けば、多くの方は介護事業におけるケアマネージャーのケアを思い浮かべるかもしれません。しかしその本質的に意味するところは、他者に対する配慮や気遣いにあるわけです。

では、協同組合原則でいうところの他者とは誰を指しているのでしょうか。もちろん、自分以外のすべての人々、という理解も可能です。しかし協同組合である以上、まずは他の組合員のことを指していると理解すべきです。そして、このケアという理念を軸に事業や活動は取り組まれているのです。

例えば、JAにおける信用事業は、とりあえず資金にゆとりのある組合員から貯金を受け入れ、これを必要としている他者としての組合員に貸し付けるという、相互金融によって組合員の営農と生活の向上を図ろうとする取り組みとして特徴づけられます。

また、共済事業に関しては、保険との本質的な違いが明確化されます。金銭的に評価できる危険への準備として開発された「純粋なる保険の仕組み」を活用しているのは、保険も共済も同じです。しかし、この仕組みを商品化し、単純に売買しているのが保険で、加入者は、他の加入者の存在を意識する必要はありません。他方、危険に対する組合員同士の相互給付の「仕組み」として実施される共済においては、自分の危険への備えとしての掛金が、今まさに危険が現実化し、その立ち直りの資金を必要とする加入者である組合員のために活用されることを第一義とするわけです。そこには、どこかで困っている、名も知れぬ他者としての組合員の存在が想定されているのです。

ＪＡは銀行や保険会社と同じ、と組合員や役職員が心のどこかで思っているとすれば、悲しむべきことです。なぜなら、自分が困っている時に、黙って支えてくれている、どこかにいる組合員の存在を思い浮かべることのできない人や組織であることを意味しているからです。

◆コンシェルジュ

職員研修において、ＪＡ版コンシェルジュの育成と設置の必要性を提案するレポートやプレゼンテーションが多くなっています。フランス語であるコンシェルジュのもともとの意味は、「集合住宅の管理人」ですが、対象とする職種が受付や客室担当などに拡大するとともに、求められる職務内容も高度化され、顧客のあらゆる要望に対応する「総合世話係」という職務を担う人の職名として登場してきたのです。ホテルからはじまり、最近では駅やデパートなどさまざまな場面に活躍の場を広げています。

多様化する顧客ニーズに、高品質かつ総合的なサービスで対応することが求められる情況が、〝総合相談承り係〟といった職種の産みの親といえるようです。

ＪＡ職員がそれを積極的に提案するようになった背景には、組合員から出される個性的かつ高度化する要望への対応という、総合ＪＡならではの要因が大きいようです。自分の守備範囲でさえも簡単には答えられない幅と深さが求められてきた。まして専門外の事項を問われれば、責任ある回答ができない。総合的に相談できる人や部署があったら組合員満足度も職員満足度も確実にアップするはず、といった事情でしょう。

総合力を発揮するという古くて新しい課題を課せられた経営陣や指導に携わる人たちにとって、コンシェルジュという提案は、何とも魅力的なものだと感じられるはずです。

とはいえ、一体、誰が多方面にわたる事業・活動について広く深く習熟したうえで、組合員からの言葉にならない要望までもくみ取り、適切な事業・活動を提案できるのでしょうか？

残念ながら、この職責を担える人材の発掘や育成は容易ではありません。だとすれば、ＪＡ版コンシェルジュを設けずとも、組合員の満足度を高めるための方法は職員の目の前、日常のなかにあります。それを実践するしかないのです。

コンシェルジュを必要とする業界は顧客を対象とするものですが、組合員は顧客ではありません。組合員の立場に立ったサービスの提供を否定しませんが、組合員をお客様扱いし、痒《かゆ》い所に手の届くような旺盛なるサービス精神は、慇懃《いんぎん》無礼であることを、皆が共有することからすべてははじまります。

組合員には、事業・活動に積極的に参画し、多様な取り組みの中をさまようことをも愉《たの》しみながら、職員と一緒になって解決方法を探す姿勢が求められます。

職員には、自分の専門業務に関しては、組合員から全面的に依存されることに大歓迎の気概をもち、己が力量を高めるべく研鑽《けんさん》を積むことが求められます。

職場には、職員が専門外の事項を、当該事項に習熟した職員に迅速に繋《つな》げられるよう、〝知っている人がすぐ分かる〟職場内連絡網の整備が求められます。

組合員、職員、職場における三位《さんみ》一体的取り組みにより、組織全体がコンシェルジュに仕上げられるのです。

◆ハッシン

「あほやなぁ。あんただけやて、あほやなぁ」

この文から、どのような情景が思い浮かびましたか。独り言なのか、会話なのか。男性の台詞なのか、女性の台詞なのか。情況や場面によっていろいろなイメージが膨らむ、やや艶《つや》っぽい文です。

言葉や文字だけの情報では正確には伝わりにくく、同床異夢をもたらす可能性が大きいのです。典型例はメールです。微妙なニュアンスが伝えにくく、違和感や煩わしさを感じている方も多いはずです。私もその一人ですが、だからといって、ニュアンスを絵文字に伝えてもらおうとは思っていません。

組織コンサルタントの堀公俊《きみとし》氏の『ファシリテーション入門』（日経文庫、二〇〇四年）によれば、〝感情的なコミュニケーションのうち、言葉が占める割合はたった七％。三八％が声の調子や抑揚などの音声によるもので、五五％は表情や態度などのいわゆるボディランゲージ。ゆえに、非言語的メッセージ（口調、表情、態度など）を活用すべし〟とのことです。

「目は口ほどにものを言う」という教えを、いまさらながら納得したところですが、この教えは組織のありようにも通じています。いかに美辞麗句を並べ立てても、普段の佇《たたず》まいや何気ない言動、それらの一つ一つが、言葉や文字に隠されているホンネを雄弁に語っているのです。

〝実は…　こんなにたくさん！　ＪＡ岡山情報発信中！〟という特集で、多彩で先進的な情報発信が行われていることを、ＪＡ岡山の広報誌『ぱれっと』一三年五月号は紹介しています。さすが栄えある日本農業新聞大賞を受賞された広報誌だと思います。こんなにたくさん発信されていることに、改めて驚いた次第です。

情報が、ヒト、モノ、カネと対等かそれ以上のものとして位置づけられ、経営資源の一つに数えられるようになったのは、それほど昔のことではありません。にもかかわらず、技術革新による情報関連機器の急速な普及などから、その重要性については、多言を要しないところです。

では、なぜ情報の発信が必要なのでしょうか。知ってもらう、理解してもらう、認めてもらう、という側面も否定できません。しかしそれ以上に大切なことは、情報を送信するに値する組織として、社会的に認知してもらうために、まずは良き情報を発信する、ということです。

もちろん、情報の良循環構造を構築するために、受信した情報を糧に、より価値のある財やサービスの提供を還元していく仕組みの整備も並行して行われなければなりません。

発信だけの組織は、いつまでたっても現状維持のままで、発進できないことを心しておかねばならないでしょう。

◆リネン

コマツ家御用達の生協店舗。いつ行っても名は体を表し盛況。左うちわの右クーラーの順風満帆経営で、さぞや黒字と思いきや、見た目ほどではないとのこと。何ゆえにと尋ねたら、組合員に安全・安心の食材を届けることを徹底したら、消費・賞味期限を起源とする半端ない食品ロスがコストとなって、営業成績に影を落としているそうです。

生活協同組合の名にかけての安全・安心への飽くなき挑戦が、経営を不安に陥れ、一つ間違えば、事業の継続性にブレーキをかけかねないわけです。なんとも皮肉な事象といわざるを得ません。

「事業・計画などの根底にある根本的な考え方」（広辞苑）、「物事がどうあるべきかについての根本的な考え方」（明鏡国語辞典）を理念と呼びますが、これらに共通しているのが、「根本的な考え方」というところです。事業や経営の基礎・根本となって事業体を支えているものと解釈してよいでしょう。日々の事業や経営の源をたどれば理念があり、その理念によって全体が支えられている。その存在があればこそ、ぶれない事業と経営が可能となるわけです。

しかし、ぶれないことにこだわり、経営環境に適応することを怠れば、本末転倒の事態が待ち構えていることを先ほどのエピソードは教えています。これが、理念が抱えるジレンマの一つ目です。

協同組合全般における共通の理念としては協同組合原則を、農業協同組合独自の理念としてはJA綱領を、また企業においては社是・社訓などを、それぞれあげることができます。これらは、各種の資料に記されたり、朝礼や会合などで唱和されたりしています。でも不思議ですよね。事業体の根本にあるものなら、皆の心の中に染みこんでいるはずなのに……。

これが、理念が抱えるもう一つのジレンマなのです。高邁《こうまい》な理想、究極の目標であるがゆえに、浮き世とのギャップは避けられません。短期的な成果が求められるほど、超長期的展望は、忘れ去られたり無視されたりする。だから、多様な方法で浸透を図らざるを得ないのです。

この二つのジレンマから理念を解放するためには、まずは神棚からおろし、組織的言動が理念のどこから生起し、どこと乖離《かいり》しつつあるのかを、厳しく検証することです。もし理念そのものの改善・改革が不可避と判断されたら、リアルな輝きを求めて、誠実に対応すべきです。

理念に対する外部からの共感は社会的認知を意味し、精神的支柱としての内部における共有は、永続的事業体の必要条件となることを意味します。だからこそ、自らのあり得べき姿や進むべき道を、照れることなく人々の五感に響く言葉で、「これがわたしたちです」と、高らかに宣言すべきなのです。

◆ケイゾク

「行こか、止めよか、同窓会」と、斜に構えたものの、還暦記念の四文字にひかれての出席。四十数年の厚い壁が徐々に薄くなってきたとき、隣席の元女子高生からの問いかけで会話が始まった。

「〝でんでん〟のこと覚えとる？　コマツ君の思い出は〝でんでん〟よ」

「あぁ、知っとるよ。朝ドラ『あまちゃん』（二〇一三年四月から同年九月放送）に漁協の組合長役で出ている人やろ」

「違う！　現代国語の時間に〝云々《うんぬん》〟を〝でんでん〟て読んだことさ。大爆笑やったやかね。本当に覚えとらんと？」

「でんでん覚えとら〜ん……」

テレでも恥ずかしさでもなく、まったく記憶にございませんでした。でも、よくぞ覚えておいてくださいました。今では漢字の読み書きにうるさいコマツ君の愛おしい過去についての告白ネタを一つ増やしていただいたことに、感謝したい心境です。後年、辞書を片手に人一倍神経をとがらすことになったのは、この大爆笑のおかげかもしれません。恥ずかしい思いは、若いとき、できれば学生時代にしておくもののようです。

人は間違うのです、失敗するのです。間違わないように、失敗しないように、という強迫観念が新たなそしてより深刻な間違いや失敗の母となるのです。

伝聞ですが、外国の著名な経営学者は、「小さな怪我をしないものは、大きな怪我をする」と宣《のたも》うたそうです。

進学に重きを置き、成績重視の学校だっただけに、決して楽しい高校生活ではありませんでした。そんなブルーな心情を支えてくれたのが、「大学受験ラジオ講座」でした。錚々《そうそう》たる名物講師陣の名調子は、懐かしく、かつありがたい思い出です。そこで目にしたり耳にした言葉が「継続は力なり」でした。

続けることの重要性を説くこの言葉を座右の銘とする人も多いようですが、このことは、黙々と続けること、地道に日々積み重ねていくことが、いかに難しいことかを示唆しています。力になったことをいつ実感できるのか、誰にも分からない。でもいつの日にか実感できることを信じて続けていくことの困難さです。

これと比べると、昨年（一三年）の栄えある流行語大賞の一つ「今でしょ！」の軽いこと軽いこと。でも、この流行語が短期間に結論を求める世情を反映するとともに、加速させていることには要注意です。農業協同組合も例外ではありませんが、農業も、地域社会も、組合員のくらしも、短期的な視点で事足りるものではないのです。それに関わる職員を間違いや失敗を糧に育成するのにも時間がかかります。

求められているのは、長期的展望に立ち、長期と短期のバランスをとりつつ、時流に煽られず、短期は損気、今を〝じっとガマンの時〟と心得て、泰然自若《たいぜんじじゃく》としてやるべきことをケイゾクすることです。

◆セッサタクマ

二〇一四年に合併二〇周年を迎えたあるＪＡのホームページに、記念式典の模様がダイジェスト版でアップされていました。前半は型通りの式典、後半は女性部クラブ発表会と職員らによる混声合唱団発表会でした。女性陣のがんばりには流石《さすが》、ステージに男性組合員の姿が見られないことには残念、というのが正直な感想でした。

女性陣の活躍が式典に花を添えつつ、気概を示しているようで、農に関わる女性の参画問題に関心を持ってきたものとして、まずは喜ばしい限りです。

では、男性が主体となった組織の取り組み情況やいかにと、全国農協青年組織協議会（ＪＡ全青協）について調べて驚きました。進化していたのです。契機となったのは、二〇〇三（平成一五）年一二月にＪＡ青年組織育成対策研究会が研究会最終報告として出した「ＪＡ青年組織の今後10年先を見据えた方向性について」です。

「ＪＡ青年組織の育成なくしてＪＡの将来は有り得ない」という気構えのもと、「青年部をＪＡの担い手として育成していく」という認識の明確化と、営農指導・販売・購買事業における企画・運営に関する青年部の意思反映の必要性を説いています。そのうえで、部員の正組合員化・総代への就任、部代表によるＪＡ理事の就任などを通じて、経営参画の道を積極的に推進するという、かなり踏み込んだ提言をしています。

それからの動きは素早く、二〇〇五（平成一七）年三月一〇日には、全青協創立五〇周年を契機に、新たなＪＡ青年組織綱領が制定されました。そこでは、「われわれは、自らがＪＡの事業運営に積極的に参画し、ＪＡ運動の先頭に立つ」ことが宣言されているのです。この大志こそがセイネンの特権であり、今のＪＡに欠落していることです。一条の光明、といっても過言ではないでしょう。

タイトル通り一〇年先を見越したその先見性にも驚かさました。現在検討中の「営農・経済革新プラン」では、担い手の意思を迅速に反映し、柔軟な事業展開を行うために、担い手経営体、青年組織、そして部会の代表などを理事として登用することが盛り込まれているからです。

報告書提出以降に蓄積された力量が生かされる環境が整ってきたのです。思う存分の活躍を期待するところ大です。

翻《ひるがえ》って、JA女性組織綱領には、JA運動に女性の声を反映させるために参加・参画の促進が示されています。多様なメンバー構成ゆえにか、青年組織と比べると、やや控えめで経営参画にまでは踏み込んでいません。イベントで立派な花を添えることから一歩踏み出さない限り、男女共同参画によるJA運営は日暮れて道遠し。JAや地域の活性化と個々人の成長を目指して、青年組織と女性組織の切磋琢磨が期待されます。

◆ヤナギ

球春到来とはいえ、クロダやマツザカが話題を占める今となってはやや気が引けるのですが、二〇〇九（平成二一）年のWBCキューバ戦後のインタビューで、イチロー選手が「バントの失敗で、ほぼ折れかけていた心がさらに折れて……」と語って以降、日本中で「心が折れる」という言葉が聞かれるようになりました。

心も折れることがあることをはじめて教えてもらった瞬間、日本語としての違和感はあるものの、語る人の圧倒的な説得力からか、これはきっと流行《はや》るぞ、と思った次第です。本来は、気持ちや考えがそちらに向かうことを意味していたようですが、今では、くじける、めげる、挫折する、などと肩を並べて普通に使われています。心も風邪をひくのだから、折れることもあるよな、と一応納得はしていますが、使いません。

折れたら治療をすべきでしょうが、「予防に勝る治療なし」という教えに従うならば、どんな予防策があるのでしょうか。

最近注目されているのが、レジリエンス（resilience）という考え方です。これは、精神的回復力、抵抗力、復元力などと訳される心理学用語で、自発的治癒力を意味しています。表現を変えるならば、ストレスによって生じた精神的なゆがみを跳ね返し、バランスを保たせてくれる、ありがたい力です。

その力を成り立たせている要素として自尊感情（プライド）、安定した愛着（人との心理的な結びつきが安定していること）、自分を支持してくれる人の存在、楽観主義、そしてユーモアなどがあげられています。これらの要素は、三つにタイプ分けできそうです。一つ目が、苦境にたっても自分自身の経験や力を信じられるプライド力。二つ目が、自分を受け入れ支えてくれる人が存在している人間関係力。三つ目が、楽観主義やユーモアによってやり過ごせる柔軟性です。

さて、三つ目だけには力が付いていないことに気づかれたでしょうか。なぜか？

〝力〟勝負に出るから折れることになる。折れないためには〝力〟勝負に持ち込まないこと。力という言葉に象徴される、硬さや強さではなく、弾力や柔軟、あるいはしなやかさが持っている堪《こら》え性《しょう》、これこそが、レジリエンスの神髄、と考えたからです。

「柳に雪折れなし」ということわざは、堅い木は雪の重みで枝が折れることもあるが、しなやかな柳の枝は、雪が降ってもその重みに耐えて折れることがないことから、柔軟なものの方が剛直なものよりも、かえって耐える力が強いことを教えてくれています。

人も組織も強さ自慢や力自慢に余念がない、こんな時だからこそ、柳に風とやり過ごす、知恵と工夫が求められます。

◆ソウ

子どもの九五％を二〇歳から三九歳の若年女性が生むことから、その人口推移に注目した結果、二〇四〇年に若年女性人口の減少率が五割超の八九六自治体を「消滅可能性都市」、さらに人口が一万人未満となる五二三自治体を「消滅可能性が高い」としたのが、ベストセラー『地方消滅』（増田寛也編著、中公新書、二〇一四年）です。

これを露払いとして、地方創生本部が誕生しました。すでに存在している地域を作り出すという地方創生の肝は、「創」に込められています。たしかに、創刊、創作、創造などの熟語は、無から有が生み出される感動的な雰囲気を伝えています。好意的に読めば、世界をリードする国家たる日本に相応《ふさわ》しい地方を創る、という首相の願望が込められているのでしょう。

そのため全都道府県と市区町村は、今年（一五年）度中に二〇一九年度までの五年間を展望した「地方版総合戦略」を策定するよう求められています。日程的にも内容的にもハードな課題です。現場からは悲鳴に近い声や、消滅可能性を突きつけられた自治体からは諦めに近いぼやきが呟《つぶや》かれていることは容易に想像されます。しかし、石破茂担当大臣から発せられるのは、「期限があることで切迫感、緊張感を持って取り組んでもらえる」と、にべない言葉です（『農業と経済』一五年五月号、九ページ、昭和堂）。

創といえば、農業改革や農協改革に関連して乱発されたのが「創意工夫」です。いわれなくとも、人や組織はさまざまな局面で知恵をめぐらして、より良き手段や方法を見いだそうと工夫しています。工夫を凝らすことも決して容易ではありませんが、それ以上に困難なのが創意です。なぜなら、創意とはこれまで誰も考えつかなかったことや新しい思いつきだからです。

しかし皮肉なことに、中山間地域におけるその創意工夫が全国的に注目されている、四国の神山町《かみやまちょう》（徳島県）、上勝町《かみかつちょう》（同前）、馬路村《うまじむら》（高知県）ですら前述のベストセラー本において は、消滅可能性の高い自治体となっています。

日立製作所相談役・川村隆《たかし》氏が、電機メーカーの技術者として語るその仕事の地味さと醍醐味は次のように要約され、きわめて示唆に富んでいます。

〝納品した機械に不具合や故障が起これば、何度も現地へ出向き対策を講じる。それを何回もくり返すうちに、技術の勘所がわかり、その後は飛躍的にいい仕事をするようになる者がいる。この現象が「能力の覚醒《かくせい》」である〟（「私の履歴書」「日本経済新聞」一五年五月一四日付）

「能力の覚醒」がもたらされるその時が必ず来ることを信じ、あきらめることなく知恵と汗を出しあって、気の遠くなるような地味で地道な工夫をくり返す人や組織、そして地域を正当に評価できる国や社会こそ創生されるべきものです。

◆**イカリ**（行論上、この第5章の1でも「イカリ」を収録しています。ご容赦ください）

私「久しぶりに、デモに行きます」

妻「アベセイジヲユルサナイ、ですか」

私「知ってたの。一緒に行きますか」

妻「そうね、行ってみようか」ということで、私にとっては四十数年ぶり、妻にとっては人生初体験の参加となりました。

参加者のほとんどは同世代とおぼしきシニア層。俳人金子兜太《とうた》氏の揮毫《きごう》によるプラカードを午後一時、全国一斉に掲げました。解散後、妻の「物足りない」という想定外の挑発に乗って、駅前の大型ショッピングモールに通じる地下道にて、プラカードを掲げていた方々と合流し、昔を思い出しながらも、かつてとは一味違う《アジ》アジテーションを披露しました。

テレビや新聞では報道統制がしかれているのか、なかなか知る機会がありませんが、結構な動きとなっているようです。こんな報道統制で救われている党の国会議員や売文家がマスコミ批判をするのは噴飯ものです。

興味深かったのは、もっと無視されるかと思いきや、道行く人の年代や性別に合わせた心の琴線に触れる端的な言葉で訴えると、その表情に共感を示す微妙な反応が見られたことです。あきらめるにはまだ早い、ということでしょうか。

還暦過ぎたわれわれ夫婦の重い腰を上げさせる、やはり怒りのマグマはかなり蓄積されているようですが、その表し方がわからないということでしょう。

怒りを忘れているのはＪＡグループも同じです。ＴＰＰや改悪農協法、押しつけられた自己改革など、もっと怒るべきでしょう。しかし、昨年（二〇一四年）末の衆議院選挙で明らかになったストックホルム症候群（被害者が加害者に対して過度の同情や好意等を抱くこと）は悪化の一途をたどり、一五年秋に予定されたＪＡ全国大会の組織協議案などを見ると、官邸や監督官庁への相も変わらぬお追従《ついしょう》のオンパレード。このような体たらくを続けていたら、組合員はもとより、少なからぬ信頼を寄せてエールを送ってきた国民や研究者からも愛想尽かされるのは必至です。

そもそも、「協同組合の母」と位置づけられるロッチデール公正先駆者組合は、劣悪な労働条件と低賃金による貧しき生活に苦吟《くぎん》する労働者階級の怒りを背景として、この世に産声を上げたのです。

設立に関わった先駆者二八人の偉大さは、社会への正当なる怒りが、言葉と行動で表現されることによって、社会的に認知され継続性を獲得できるように、怒りの根源を冷静に分析し、八項目にわたるロッチデール原則を産み出したことです。この原則により、協同組合は社会的存在として、地域社会や人々の心に錨《いかり》を下ろすとともに、国境を越えて普遍的存在となるわけです。

怒りを錨に変える血の滲《にじ》む労苦こそ、自己改革と呼ぶに値するものです。

◆ミンイ

二〇一五年一〇月六日、ＴＰＰ大筋合意に関してＮＨＫ岡山の取材を受けました。私の一〇秒ほどのコメントを含む放送内容は、農業者はもとよりスーパーでの買い物客もまた反対、不安、懸念の声を上げるもので、岡山放送局もなかなかやるな、と思わせる出来栄えでした。そして、その夜の「ニュースウォッチ９」も、このテーマを似たような構成で放送しましたが、岡山版とは真逆の大筋合意歓迎ムードを視聴者にイメージさせるもので、思わず〝民意はどっちやねん〟。

「日本農業新聞」（同年一〇月二八日付）は、大筋合意後に行った同紙農政モニター調査（農業者を中心とした七七一人からの回答。回答率七三％）から、大筋合意を「国会決議違反」とする人が六九％、内閣支持率が一八％、不支持率が五九％であったことを一面で伝えています。支持率三〇％台で黄信号、二〇％台は危険水域、二〇％割れで退陣、といわれていることからすれば、農業者は安倍内閣に退陣を求めているわけです。

他方、「朝日新聞デジタル」によれば、同紙が同じ頃に行った世論調査（「朝日ＲＤＤ方式」による全国有権者対象。有効回答一七七六人。回答率四七％）では、支持率四一％、不支持率四〇％で、ぎりぎりとはいえ青信号。

両紙の支持率の違いをどう見るべきか。ここでもしつこく〝どっちやねん〟。

「朝日新聞」の調査結果は、つぎのようなＴＰＰ参加に関する興味深いことも伝えています。

①日本がＴＰＰに参加することについては、賛成が五八％、反対が二一％。
②日本経済への影響については、よい影響が六〇％、悪い影響が二九％。
③日本の農業への打撃については、受けるが七七％、受けないが一七％。
拡大解釈的に要約すれば、有権者の八割近くは農業が打撃を受けることを想定しているものの、六割はＴＰＰが農業への打撃を償って余りある好影響を日本経済にもたらすと考え、結果的にその大筋合意に賛意を示すとともに、安倍内閣に退陣などは求めていないのです。

だからといって、「日本農業新聞」による農業に携わる人を中心とした調査内容が、無効で却下されるべきもの、ということではありません。両紙が伝えた調査結果はともに間違ったものではないのです。

なぜなら、民意は多様だから。

ただし、この合意が広く国民に災禍《さいか》をもたらすことが想定されるならば、農業者にはＴＰＰに反対し、国会決議を遵守《じゅんしゅ》しない安倍内閣に退陣を求めている理由を訴え続ける責任があります。

数の論理を笠に着た多数派の暴走が、少数派を虐げるという「多数者の専制」によって、悲劇的な結末がわが国にもたらされないことを願って。

◆キセイ

今年二〇一六年一月一五日に起きたスキーツアーバス転落事故が、過度な「規制緩和」によってもたらされた惨事と思った人も少なくないはずです。十数年前に客として聞いたタクシードライバーの身の上話を、即座に思い出した私もその一人です。

大型長距離トラックの運転手だった彼がタクシー業界に転じたのは、ブレーキの効きが悪いため部品の交換を要求したら、「それを止めるのがプロの腕だろう」と、何食わぬ顔で拒否する会社の姿勢に空恐ろしさを感じたからでした。

平成に入ってから強まる「規制緩和」は、運輸業界に競争激化、過当競争、値下げ合戦をもたらしました。これに深刻化する不況が追い打ちをかけ、経営状態は悪化の一途をたどりました。そのしわ寄せが、安全軽視、コスト重視の経営となって、直接的には労働条件の劣悪化に向かうことは想像に難くありません。会社もドライバーも一蓮托生《いちれんたくしょう》です。仕事を断れば明日が保証されない、ぎりぎりの情況が尊い一五人の命を奪ったのです。

「規制緩和」とは、〝自由な経済活動を活性化するために、政府や自治体などが民間の経済活動に定めている許可・確認・検査・届け出などの規制を緩和ないし廃止すること〟と、辞書は教えています。

だとすれば、なぜ政府や自治体が規制を設けているのかの検討と、緩和の功罪についての中立的な検証が不可欠です。

アベノミクスにおいて、農業は医療やエネルギーとともに岩盤規制産業として位置づけられていますが、このことは、誇るべきことでこそあれ、恥ずべきことではありません。なぜなら、自由気ままな経済活動に翻弄《ほんろう》されてはいけない、国民国家にとって重要な産業であることを、かつての見識ある政治家や役人が認めていたことを意味しているからです。

ドリルで破壊とは、狂気の沙汰《さた》です。

いま兵庫県養父《やぶ》市の農業特区において農業生産法人への企業の出資割合を二分の一以上にすることを突破口に、一般企業の農地所有解禁が画策されています。もちろんドリルアベは意欲満々です。

小泉進次郎自民党農林部会長は『週刊エコノミスト』一六年二月二日号において、「企業参入はもっと奨励したいし、進むような環境を作りたい。農業に限らず僕はいつも、選択肢を用意するのは国の仕事だと思っている。……個人的には、株式会社の農地所有は日本の農業が選択肢の一つとして持っていていいと思う」と、歯切れだけはよく語っています。

選択肢を増やすことが国の仕事だとすれば、何と思慮浅きことか。加えて、シンジロウがいっている企業の頭にグローバルをつけるとすれば、まさに売国土的発想といわざるを得ない。

農外利用に供された農地が、かつての豊かな農地に戻る可能性は極めて少ない。努々《ゆめゆめ》、シンジロウとは思うなかれ。

◆ヘイワ

オバマ大統領が広島を訪れた、少なくともわが国にとっては歴史的な日（二〇一六年五月二七日）に、私は沖縄にいました。翌日うるま市で行われるＪＡおきなわ信用事業・共済事業推進大会で記念講演をするためです。前後に余裕を持たせた旅程で、遅ればせの平和教育を自らに課しました。

初日には、沖縄戦でとくに戦闘が激しかった本島南部の沖縄戦跡国定公園に向かい、〝ひめゆりの塔〟に花を手向《たむ》け、資料館のさまざまな展示資料から悲惨極まりない歴史を学びました。その後、平和祈念公園にある、刻銘碑「平和の礎《いしじ》」に深く哀悼の意を表しました。広大な公園内を歩くうちに、期せずして岡山県出身の沖縄地域と南方諸地域での戦没者を合祀《ごうし》する「岡山の塔」の前にたどり着いたのも、何かの縁だったのでしょうか。

五月下旬とは思えない真夏日の、眼前に広がる鮮やかなブルーの美《ちゅ》ら海《うみ》と雲一つなく抜けるような青空の明るく美しい景色の中で、七一年前（一九四五年）に非業の死を遂げられた方々や負傷された方々の無念さに思いをめぐらすとき、発する言葉がありませんでした。

仕事を済ませた旅の最終日には、米軍普天間《ふてんま》基地の移設先とされる名護《なご》市辺野古《へのこ》にある米軍キャンプ・シュワブに足をのばし、ゲート前に構える辺野古新基地建設に反対する方々のテント村を訪問しました。

大統領の被爆地訪問直前に起こった、軍属男性による無辜《むこ》の女性に対する許せぬ事件は記憶に新しいところですが、本土復帰から昨年（二〇一五年）末までの間、米軍関係者による凶悪犯罪は五七四件にも及んでいます（「東京新聞」一六年五月二六日付朝刊）。これに、基地がもたらす騒音や危険性などを総合的に見ても、沖縄では〝終わらぬ戦後〟が続いているのです。

「……この町の子どもたちは平和の中に生きている。なんと貴重なことか。それは守られるべきことで、世界中の子どもたちが同じように平和に過ごせるようになるべきだ」。

広島でのこの言葉に嘘偽りがないのならば、オバマ氏はその実現に全力を傾注しなければならないでしょう。それが、〝時期尚早〟の批判の中でノーベル平和賞を受賞した者のつとめだからです。

では、国土の一％にも満たない沖縄が、在日米軍基地の七四％も負担することで平和な日常が担保されているとするならば、われわれにはいかなる姿勢が求められているのでしょうか。

そのヒントは、テント村の方が発した〝現場に来て、現実を見てもらい、少しでも知っていただくことが励みになるんです〟との言葉にあります。

現実を直視し、沖縄に本土並みの平和が来る日を願い、それを妨げる動きには勇気を持ってＮＯと言い続けることです。

◆ヒャクブン

企業経営にとって役立つさまざまな要素や能力のことを「経営資源」と呼びます。私が学生だった四〇年程前までは、ヒト、モノ、カネをその三要素と呼んでいました。その後、コンピュータ技術の急速な進歩によって、情報が四番目に加わり、現在では極めて重要な経営資源として位置づけられています。

著名な経営学者は、情報が持つ他の資源と異なる特徴を次の三点に整理しています。①同時に複数の人が利用可能、②使いべりしにくい、③使っているうちに、新しい情報が他の情報との結合で生まれることがある（伊丹敬之《いたみひろゆき》、加護野忠男《かごのただお》著『ゼミナール経営学入門』

日本経済新聞社、二〇〇三年)。

同時共有が可能で、使いべりせず、使うことで新しい情報が生み出される、とても魅力的な資源ですが、堅苦しく考える必要はありません。辞書を開けば〝ある特定の目的について、適切な判断や行動の意思決定をするために役立つ資料や知識〟と説明されています。

適切な判断と行動によって、組合員さんの営農と生活をより良きものとするために参考にできる資料や知識、それらすべてが情報なのです。だとすれば、この本はもとより組合員さんの表情も貴重な情報ですが、全国共通の代表的な情報源としては、「日本農業新聞」、『家の光』、『地上』、『月刊JA』、『経営実務』、「JAcom・農業協同組合新聞」などが上げられます。

ここで、質問です。貴職が、自己啓発や情報収集のために、実践している事項すべてに○印をつけてください。

1　ほぼ毎日、「日本農業新聞」に目を通す。
2　ほぼ毎月、JA関連の雑誌に目を通す。
3　ほぼ毎日、一般の新聞に目を通す。
4　ほぼ毎月・毎週一般の雑誌に目を通す。

５　ニュース・報道番組はできるだけ見る。
６　ＪＡ関連の資格を取得する。
７　ＪＡとは関連しない資格を取得する。

いくつ○がついたでしょうか。この質問は、ＪＡ職員の研修会における事前アンケートとして実施しているものですが、〝ほぼ〟や〝目を通す〟といった緩い条件であるにもかかわらず、「日本農業新聞」やＪＡ関連雑誌を情報源としている人は多くても三割程度です。残りの七割強の人たちは、どのような情報源から必要な情報を収集しているのでしょうか。

にもかかわらず、「全国のＪＡを見られて、参考になるＪＡや組合員組織を教えて下さい」という質問が少なくありません。ガッカリです。なぜなら、毎日毎月、全国のＪＡに関する情報が新聞や雑誌の姿で手元に届けられているからです。

「百聞は一見にしかず」、といいます。しかし全国の現場を一見することは不可能です。アンテナを磨いて、延ばして、さまざまな媒体を通じて百聞を重ねていく。その地道な努力の集積したものだからこそ「資源」と呼ばれるのです。

◆ジミスゴ

〝神《かみ》ってる〟って流行《はや》ってる？　と、カミさんに韻《いん》を踏んで何度聞かれたことか。二〇一六年流行語大賞に選ばれた言葉ですが、セリーグ優勝を二五年ぶりに達成した広島カープの緒方孝市《こういち》監督が、二試合連続でサヨナラホームランを打った鈴木誠也《せいや》選手を称えたものです。「神がかっている」の今どき言葉と理解してもよいでしょう。

ただし、カープ女子でも野球ファンでも無い人にとっては、印象は薄く流行り言葉では無かったようです。

個人的には〝ジミスゴ〟がお気に入り流行語でした。『校閲ガール』（宮木《みやぎ》あや子著、KADOKAWA、一四〜一六年）シリーズを原作とした、テレビドラマ『地味にスゴイ！校閲ガール・河野悦子』（日本テレビ、一六年一〇月から同年一二月放送）の〝地味にスゴイ〟を縮めたものです。

原稿を書く機会が多い者にとって、内容の誤りを正したり、不足な点を補ったりする校閲という仕事は、地味だけどとても重要な仕事です。にもかかわらず、完璧な仕事をしても取り立てて評価されることが無いのに、失敗すると非難の矢面《やおもて》に立つ、という割に合わない仕事であることを〝地味〟の一言が言い表しています。

でも、改めて言うまでも無く、世の中はたくさんの地味な仕事に支えられているのです。目立つのは失敗した時だけという、報われないことが多い仕事を取り上げ、その意義や価値について気づかせてくれた良質のドラマでした。

協同組合も農業も、派手か地味かと問われたら、地味に軍配が上がるはずです。

その協同組合を、ユネスコ（国連教育科学文化機関）は、二〇一六年一一月三〇日に無形文化遺産（世代から世代へと伝承され、文化の多様性および人類の創造性に対する尊重を助長するもの）に登録しました。

「共通の利益の実現のために協同組合を組織するという思想と実践」を無形文化遺産として登録することを申請したのはドイツですが、「全世界で展開されている協同組合の思想と実践が、人類の大切な財産であり、これを受け継ぎ発展させていくことが求められていることを、国際社会が評価したもの」（日本協同組合連絡協議会、二〇一六年一二月一四日）と考えてよいのです。

過日、非常勤講師で行っている岡山県農業大学校の学生から「農業とは何をもって農業だと思いますか。結論だけ教えて下さい」と問われ、「農業とは、人類の歴史とともに存在し、食料と多面的機能を営々と産出している必要不可欠な産業である。近年わが国においては正当な評価をされていないが、地味にスゴイ産業である」と、回答しました。

このように見ると、農業協同組合は農業と協同組合という〝地味×地味〟の、まさにジミスゴ組織です。だとすれば、その意義と価値を世に知らしめるための努力を惜しむべきではないのです。

◆ソンタク

森友学園問題を巡る二〇一七年三月六日の参院予算委員会で、福山哲郎《てつろう》議員（民進党）が、例の小学校開設に関する財務省側の「忖度《そんたく》」を追及したことへの、安倍首相の激しい反論を契機に、忖度は時の言葉となりました。

辞書には、〝「忖」も「度」もはかる意。他人の気持ちを推しはかること。推察。「相手の心中を――する」〟と、あります。

この連載で取り上げた、〝ケア（care）〟のように（本書一二一～一二三ページ）、他者からの言葉にできないサインを読み取り、配慮や気遣うことを含む意味内容で、人情の機微を表す味のある言葉だと思っています。

今回の使われ方で、汚れたイメージが付いてしまったのは、この言葉にとって、はなはだ迷惑かつ不幸な出来事です。

忖度と読みが一文字違いで、大違いの言葉に「損得」があります。

実は、農業者の所得向上と農業の成長産業化を目指すとして、執拗《しつよう》で止《や》むことのない

"改革"と銘打った強権的な政策誘導は、「損得」基準の徹底を「農ある世界」に迫っています。

国会議員から農水官僚まで、〝農産物を一円でも高く売って、資材を一円でも安く買って、農業所得を一円でも多くする〟との大合唱が一例です。

その実現に向けた農業改革関連法案の目玉とされる「農業競争力強化支援法」が一七年五月一二日の参院本会議で、自公維などの賛成多数で可決、成立しました。

同法案において、損得基準を最も象徴しているのが、〝農業資材の調達に必要な情報の入手の円滑化〟を規定した第一〇条です。条文は次の通りです。

「国は、良質かつ低廉な農業資材の供給を実現するため、農業者が農業資材の調達を行い、又は農業者団体が農業者に供給する農業資材の調達を行うに際し、有利な条件を提示する農業生産関連事業者を選択するための情報を容易に入手することができるようにするための措置を、民間事業者の知見を活用しつつ、講ずるものとする」（傍線著者）

国は農業者のために、良質で低廉な生産資材を有利な条件で提供する業者の情報を、IT関連事業者のノウハウを用いて整備しなさい、ということです。

良質かつ低廉であることも、取引条件の有利性も、情報提供も、誰も否定しません。問題は、条文に共同購入の否定はもとより、協同組合運動への悪意に満ちた曲解が埋め込まれていることです。

一〇条の損得基準は〝今だけ、カネだけ、自分だけ〟という新自由主義的な行動原理を条文化したものです。しかし、農業協同組合は、「農ある世界」の特性から、超長期の視点、多面的機能や総合力の発揮、そして他者への配慮などを強く意識して運営されています。誤解を恐れずに言えば、高度に忖度する組織です。

目指せ、忖度とＪＡの名誉回復を。

◆ノウキョウサバク

「よかった〜。たのしかった〜」と、遠い昔に囁《ささや》かれたことのある言葉が妻の口から発せられた。よかった〜、たのしかった〜のは、二〇一七年九月一日に開催されたＪＡ岡山年金友の会総会・親睦会での〝前川清＆クール・ファイブ〟のコンサート。

彼女を感激させたのは、大好きな「東京砂漠」を生で聞けたことと、前川さんが客席に降りて来て、これまでにない距離感でふれあってくれたことだ。彼らと二回も握手できたというので、それでは間接的に握手したいと、妻の手を握ろうとしたら「余計なことはせんでいい！」と、払いのけられてしまったのはご愛嬌。

毎年このイベントをたのしみにし、告知があるとすぐに申し込み、ご帰還後は、このイベントに惹《ひ》かれてＪＡの利用者になった方のことや、まだ利用していない友人・知人に勧めていることなどを報告してくれる。

ところで、現下の政府主導の農協改革がらみで、彼らから組合員の当事者意識の欠如や、准組合員の位置づけが問題視されています。

ＪＡグループが、組合員や利用者に農業協同組合の存在意義を適宜伝えるなど、当事者意識の醸成をはかる取り組みに消極的であったことも事実です。

その反省が第二七回ＪＡ全国大会（二五年一〇月）における「アクティブ・メンバーシップ」の確立、すなわち当事者意識をもってＪＡの事業や活動に参加、参画する組合員づくりをめざした決議です（本書七八～七九ページ、九四～九五ページも参照）。

一七年五月に全国農業協同組合中央会の新会長となった中家徹氏も、『家の光』（一七年一〇月号）で、自己改革の完遂を自分自身の最大の使命とし、「全ＪＡ役職員における危機意識の共有」と「組合員から評価される自己改革」を課題にあげています。そして、組合員を中心とした組織基盤こそがＪＡの強みとし、その強化が不可欠だとしているのです。

具体的には、〝組織基盤づくりは土づくり〟という視点から、ＪＡ教育文化活動やＪＡくらしの活動を堆肥《たいひ》や有機質肥料になぞらえて、しっかりと投入することを強調しています。

「日本農業新聞」（一七年八月三一日付）も〝組合員と共に未来開く〟という見出しの論説で、まず「ＪＡ自己改革の要諦《ようてい》は、組合員との結び付きを強め、その成果を『見える化』することに尽きる」と指摘。さらに、「ＪＡを支える土台が揺らいでは改革などなし得ない」として、「……多様化する組合員と直接向き合い、信頼を深めること」を提起しています。

〝組合員無き協同組合は存在しない〟

この大前提に立てば、組織基盤強化を決議すること、会長が訴えること、新聞が論じること、これらは弱体化が危険水域に達していることを教えています。

今のままでは、ＪＡもＪＡグループも砂上の楼閣と化します。役職員も当事者として、アクティブ・メンバーシップの確立の一翼を担わねばならないのです。努力を怠れば、「ノウキョウサバク」となるのみ。

◆ボッチ

冒頭より尾籠《びろう》な話で恐縮です。

「ここは便所です。食事をするところではありません。迷惑です。やめてください」と、認《したた》めた注意書きを研究室に近接する、小松御用足しの個室に掲示しました。

異変を感じたのは一一月の昼頃。そこへ行くと、普段とは真逆の、食堂などに漂うニオイがするわけです。思わず窓全開。

その後も、お昼頃になると一時間ほど特定の個室が使用中となります。漂うニオイは空腹を刺激するもの。

その時は、〝まさか〟だったのですが、今春（二〇一七年）まで他大学の大学院生であった女性教員に事情を説明し相談すると、「それ、多分、ぼっち飯ですよ」とのこと。

「ぼっち飯」の「ぼっち」とは、独りぼっちの略で、昼食時に、友達や仲間と一緒ではなく、一人で食事をとることを意味する、学生などが使う俗語だといいます。

彼女の母校でも、学生食堂に一人用の席がもうけられていたそうです。そして、独りぼっちで食べている、連れのいない可哀相な人だと思われたくないために、トイレの個室で食べることをズバリ「便所飯」と呼ぶとか。

ここまで来ると、オイオイ、便所は出すところで、入れるところじゃないぞ！　と、入れるべきではない突っ込みを入れたくなりますよね。

笑い話のようですが、わが身に降りかかると、形容しがたき複雑な心境と相成《あいな》りました。

もちろん「便所飯」であることが確定したわけではありません。では、どうするか。出てくるところを待ち伏せして事情を聞き、相談に乗れるなら乗って、やめるよう忠告するか、顔を合わせずドア越しに忠告するか、いろいろ悩み考えました。

そして、「便所の目的外使用」であるため止めさせるべき、という結論に至り、冒頭の注意文を掲示した次第です。

効果てきめん。その日から目的外使用はなくなりました。ところが、昼食時になると、彼が、セカンドベストの便所か、それ以外の安住の地を見出したのかが気になりはじめたのです。

昼食抜きの生活を続けているものの、筆者も、タイプで分ければ、ぼっち飯派。食べたい時に、食べたいところで、独りごちながら、誰気兼ねなく食べる。他人が見れば独りぼっちですが、決して寂しくも何ともない。心は誰よりも豊かです。

研究室の中には、教員を筆頭に群れをなして食堂に行くところもあります。これは、正直気持ち悪い。その中には、一人で食べたい人、時間をずらしたい人、そもそも食べたくない人もいるはず。されど、群れから外れる行動はできない、したくない、ということですから。

だとすれば、自分の気持ちを押し殺している分だけ、群れの中の孤独の方が、便所の中の孤独よりも痛々しい。

協同組合が、自分の気持ちを押し殺した人たちの集団とならないことを願うばかりです。

◆フウカ

この原稿に取りかかったのが二〇一八年の三月一一日――「3・11」。東日本大震災が発生した鎮魂の日です。地震、津波、そして福島原発のメルトダウン。七年の年月を経ても、当事者の時間は止まったまま、との声が聞こえてきます。その一方で、復興支援の打ち切りなどで、〝風化〟の兆しが危惧されてもいます。

「ある出来事の生々しい記憶や印象が年月を経るに従い次第に薄れていくこと」を風化と呼ぶ。

遠く離れているとはいえ、阪神・淡路大震災（一九九五年一月一七日）の時と同様に、わずかばかりの義援金を送ることしかできない自分の不甲斐なさを感じたことを思い出していました。忸怩《じくじ》たる思いの中で、その一〇日ほど前に福島を訪れていたことから、震災と原発事故に対する自分にできる支援と風化させない手だてを考えました。

思いついたことは、日常生活でやっていることに福島をからませること。何があるか……。そうだ酒！　晩酌は日本酒の燗二合。福島の地酒にすれば、一日も早い復興を願いながらの一献となる。絶対に風化しない。そして妻の目を気にせず堂々と飲める。

そうとなったら話は早い。地酒を全国に発送している福島県内の酒屋をインターネットで三店見つけ、順番に発注。知りませんでしたが、かなりの酒どころ。純米酒に限定しても、銘柄も豊富でもちろん旨い。飽きが来なくて問題なし。

震災直後に書いた「ディスカバー」（本書一〇八～一〇九ページ）で、「覆い（cover）を取り除く（dis）」のがディスカバー（discover）の原義で、天災と人災によって覆いがはがされ、むき出しになった現実と真実に向き合い、同じ過ちを犯さないための眼力をつける必要性を強調しました。

ところが、悲しいかな、情況は悪くはなっても良くはなっていない。何を学んだのかこの国は。

まさに〝風化〟の極みか。

ＪＡグループを取り巻く情況もしかり。政治家も役人も、絆、相互扶助、助け合い、これらの価値や尊さを学んだはず。にもかかわらず、現政権とその命を受けた農水省は、この精神を当たり前のこととして運営されてきた農業協同組合に、農業問題の責任を転嫁し、〝改革〟を強いて、その存在基盤を揺るがしている。許しがたい。

この冤罪《えんざい》を風化させないために、役職員には次の二点が求められています。

一つは、その歴史に自信を持ちながら、組合員が何を求めているのかを見定め、組合員とともに誠実に改善、改良、改革に取り組み続けること。

もう一つが、ＪＡ綱領の「自主・自立と民主的運営の基本に立ち、ＪＡを健全に経営し信頼を高めよう」の遂行。具体的には、特定の政党に追従せず、民主的に運営すること。

これこそが、ＪＡグループに求められている創造的自己改革です。

「ＪＡいいます」なめんなよ

第6章　価格保障と所得補償で再生産可能な農業を

志位和夫　日本共産党幹部会委員長
聞き手：小松泰信

――農協法が施行されて七〇年。いろいろな評価はあるが、日本の農業そして地域やくらしに果たしてきた農協の役割は大きなものがある。しかしいま、そうしたことを無視して安倍政権によって農協に対する「改革」という名の攻撃が行われている。そこで本紙では、これからの日本農業と農協のあり方を各政党のトップの方について聞くことにした。今回は志位和夫日本共産党委員長に忌憚《きたん》なく語っていただいた。聞き手は岡山大学の小松泰信教授にお願いした（「JAcom・農業協同組合新聞」編集部）。

◆軍事面と経済面――トランプの危険性

小松　今年（二〇一七年）一月のダボス会議（世界経済フォーラム）で、中国の習近平《しゅうきんぺい》氏が自由貿易を擁護するような発言をし、米国のトランプ大統領はＴＰＰ離脱宣言をするなど、世の中逆転現象が起きているのではという印象を持っています。こうした動きをどのようにとらえておられますか？

志位　自由貿易か保護主義かという対立軸がたてられていますが、私はそれが軸ではないと考えています。

多国籍企業の利益を第一におく経済秩序をつくるのか。それとも各国の経済主権、食料主権、国民のくらしを相互に尊重する平等・互恵の貿易と投資のルールをつくるのか。これが対立軸だと思います。

世界の全体の流れは、公正で平等で民主的な国際経済秩序をつくろうという方向に進んでいますし、それが世界の大勢だといえます。

小松　トランプ大統領の日本への影響についてはどうお考えですか？

志位　二つあります。

一つは、軍事的覇権主義の危険性です。例えばＩＳ（イスラム国）の壊滅作戦策定を指示するとか、軍事費大幅増加、核戦力増強を宣言する。そして先日の議会演説では、ＮＡＴＯ、中東、太平洋の同盟諸国に対してより多くの負担と役割を求めるといっています。太平洋といえば日本と韓国でしょう。日韓に対してより大きな軍事的役割やより多くの財政的負担をといっているわけで、大変に危険です。

現実の危険性として指摘したいのは、対ＩＳの軍事作戦として大規模な地上戦闘部隊を派遣することになった場合、自衛隊にその支援をしろ、兵站《へいたん》を担当しろといってくる可能性があります。

トランプ政権はオバマ政権以上に軍事的覇権主義が強くなっていますが、日本はこれに付き従うのか、日本国憲法九条の精神に立って、「日米同盟第一」というだらしのない対応から自主的な対応に切り替えるのかが問われています。

二つ目は、日米経済関係です。

オバマ政権は、米国の多国籍企業第一のルールとしてマルチの形でTPPを押し付けてきたんですが、トランプ氏はそれではまどろっこしいと考え、バイ（二国間）でやっていくという。この間の日米首脳会談でも「それで結構です」と二国間で「経済対話」ということになりましたが、これではTPPで日本が譲歩した線がスタートラインになって、関税撤廃でも、非関税障壁の撤廃でも、よりいっそうの譲歩が要求されることになる。米国の要求がむき出しになり、より深刻な譲歩が迫られる。

軍事面でも経済面でも、トランプ氏は「アメリカファースト」といっていますが、安倍首相は「日米同盟ファースト」で対応している。この組み合わせは、際限なく従属を深める道になり、最悪の組み合わせです。これまでどおりの米国従属外交でいいのかが、いよいよ問われるようになっていると思います。

◆農協は農村支える――かけがえのない組織

小松　そういう意味でも、野党共闘の意義が問われていると思います。その試金石が「森友学園問題」だと思います。

志位　この問題では、四野党が、疑惑追及、真相解明は国会の責務であるという立場で、関係者の国会招致を含めて足並みを揃えて追及しています。

小松　昨年（二〇一六年）の参議院選挙で初めて野党共闘で選挙戦を戦いましたが……。

志位　一人区全部で野党統一候補を立て、一一選挙区で勝ちました。とくに東北は六県中五県、さらに山梨、長野、新潟で勝ち、東日本ではかなりの県で勝った。その大きな要因の一つがＴＰＰです。どこにいっても「なんでも米国の言いなりになるのは、日本の未来を危うくするし、農業を成り立たなくするから、これを何とか変えてくれ」というＴＰＰへの怨嗟《えんさ》の声があふれていました。

わが党としては、農業を国の基幹産業として位置づけ、食料自給率をまず五〇％に引き上げ、さらに抜本的に引き上げていくことを農業政策の柱にすえています。その一番のカギとなるのは、農産物の価格保障と所得補償を組み合わせて、農家の皆さんが安心して再生産できるようにしていくことです。欧米諸国と比べても、日本はこの部分が一番薄いです。米国は自由競争といいながら、多額の輸出補助金などの下駄をはかせて所得を補償し、輸出をしているわけです。日本もここにちゃんと国費を入れて、農家がまともに立ちゆく農業政策が必要です。後継者がなぜ集まらないかといえば、将来、農業で安心して人間らしいくらしができるという保障がないからです。

小松　そのときに農協の存在意義とか役割についてはどうお考えですか？

志位　農業協同組合は、共同販売、共同購入、共済、金融、そして医療などまで含めて、農村にとってかけがえのないインフラ機能を担っている組織です。金融事業を切り離すなどの「農協解体」攻撃は、とんでもないことです。協同組合の理念を守り、活かしていくべきだと考えています。今日の新しい情勢の下で、ぜひご一緒に進んでいきたいと思っています。

◆野党共闘には――不一致点は持ち込まない

小松　小泉純一郎氏と安倍晋三氏の二人が、新自由主義的な政策を推し進め日本をだめにしてしまった。そのなかで凛《りん》としたものをもっている日本共産党が評価されていると思いますが、他の野党とどこまで折り合いがつけられますか？

志位　「安倍政権を倒す」という大義のもとに、野党が力を合わせるという大原則が大切です。安保法制反対で共闘を始めましたが、共闘の中味をどこまで豊かにしていくかがこれから問われます。アベノミクスへの対応、沖縄、原発、農業、憲法などの国の基本問題での共通公約・共通政策がどこまでつくれるか。話し合いをすすめていきたい。

小松　野党共闘を否定したい人は、必ず天皇制とか九条とか、立ち位置の違いを指摘し分裂させようとしますね。

志位　政党が違うのだから理念や政策が違って当然です。共闘には違いや不一致の問題を持ち込まない。例えば、日米安全保障条約の廃棄という共産党の立場は、共闘には持ち込みません。安保法制廃止、立憲主義の回復、アベノミクスによる格差と貧困をただす、沖縄、原発、農業、憲法といった大事なところで前向きの一致をつくる努力をすすめたい。いまあげたあらゆる分野で、国民的なたたかいを発展させていくことが、共闘を進めるうえでの大きな力になると思います。

◆協同組合の力に自信をもって

小松　農業関係でいうとこれまではTPPが大きな課題でしたが、これが漂流しました。これからの農業問題についてはどうお考えですか。

志位　二〇〇八年に「日本共産党の農業再生プラン」を出していますが、このプランを今日の情勢のもとで発展させたい。今日の段階で日本農業をどうするか、農協をどうするかについての私たちの考えをまとめ、提案していきたいと考えています。

小松　最後に全国の農協へのメッセージをお願いします。

志位　ＴＰＰ反対では当初、全中が頑張っておられたし、共産党とも一緒にたたかった。その姿をみて、潰しにかかってきたのではと思います。だから、農協には頑張ってほしいですね。先ほどもお話ししましたが、金融部門も含めて総合的な農村のインフラとして農協が存在しているわけです。この金融部門を切り離したら国際的な金融資本の餌食《えじき》になるだけ。農協は立ち行かない。

協同組合の一番の理念は「助け合い」ですね。ユネスコでも世界遺産に登録されるなど、協同組合に光があたっています。競争至上主義ではなくて、ともに助け合い、支え合うという協同組合がこれまで築いてきた伝統を力に、自信をもって頑張って活動してほしいと思います。

そして地方経済を支えているのは農林水産業、地場産業、中小企業です。ここに光をあてた政策が必要です。光のあて方も、強い者だけにあてるのではなく全体にあてなければいけないと考えています。そのときに農協の果たす役割は非常に大きいとも考えています。

◆「インタビューを終えて」

農業を基幹産業とし、価格保障と所得補償で再生産を可能にする。農村のインフラ機能を担う農協解体はナンセンス。地域経済に果たす農協の役割は大きい。伝統を力に、自信を持って活動せよ。野党共闘をめざし、歴史的決断を下した志位氏から発せられた言葉は、満身創痍《そうい》のＪＡグループを勇気づける。他の野党への批判的発言を引き出そうとする底意地の悪い質問に惑わされず、〝まとまる〟ことをめざした、誠実かつ慎重な発言から、政治家としての覚悟が伝わってきた。「日本共産党の農業再生プラン」は、多くの農業・ＪＡ関係者の腑に落ちる内容である。このプランを機軸とした〝共協戦線〟の構築が、風雲急を告げる政局の行方を決する。

むすびに

本書は二〇一二（平成二四）年一二月二六日から始まる第二次安倍政権下における農政、いわゆる「安倍農政」に対する批判と、農業者やＪＡグループのあるべき姿勢についての私見を示したものである。

それは、〝農は国の基〟という考え方に立脚し、広く国民に理解を求めるとともに、農業を基幹産業と位置づける政治勢力と連帯することで、農業、農家、農村、そして農協という〝農ある世界〟を断固守り抜くことである。

しかしこのような観点に立つ時、現在のＪＡグループの姿勢はあまりにも弱腰、及び腰と言わざるを得ない。その社会的存在意義は、「国民への食料と多面的機能の永続的供給」に主体的かつ積極的にかかわるところにある。このことを自覚せず、安倍政権におもねり、その場しのぎのお追従を続ける限り、社会的信頼を失うことはあっても、得ることはない。「安倍農政」という四字熟語は、安倍内閣による農業政策を意味するだけではなく、国の基である農を破壊する「亡国の農政」をも意味している。未来永劫このような農政を生み出さないためにも、「農ある世界」を苦しめ、貶めている「安倍農政」に終止符を打たなければならない。

未来への責任を果たすために、「安倍農政」とそれを生み出す「安倍政治」を絶対に許してはならない。


本書を編集するにあたっては、初出原稿を可能な限り尊重し、必要最小限の修正・調整にとどめた。また、個人の所属や肩書き、組織名なども初出時点のままとしている。ご了解いただきたい。

加えて、第6章に日本共産党幹部会委員長・志位和夫氏へのインタビューを同氏のご快諾を得て収録した。心より御礼を申し上げる。

本書を出すにあたって、各論考の掲載をご快諾いただいた、一般社団法人農協協会、一般社団法人農業開発研修センター、岡山市農業協同組合、全国農業協同組合労働組合連合会、そして日本共産党には、この場をお借りして御礼を申し上げる。

また、出版のお誘いをいただくとともに、丁寧な編集作業で終始リードしていただいた新日本出版社の田所稔社長にも御礼を申し上げる。

二〇一八（平成三〇）年九月

小松　泰信

初出一覧

序にかえて	「JAcom・農業協同組合新聞」2016年12月28日付 “隠れ共産党”宣言
第1章	『前衛』（日本共産党）2017年2月号　「農は国の基」—土台としての農業の強さこそ
第2章の1	『地域農業と農協』（農業開発研修センター）2015年4月号　今、求められている覚悟
2	「JAcom・農業協同組合新聞」2015年10月16日付 JAグループの政治姿勢を問い糾す
3	「JAcom・農業協同組合新聞」2016年7月1日付 参院選　本当の争点と「新しい判断」
第3章の1	「JAcom・農業協同組合新聞」2015年10月20日付 怒りと光
2	「JAcom・農業協同組合新聞」2016年3月18日付 痛々しささえ感じる進次郎「農政改革」
第4章の1	「JAcom・農業協同組合新聞」2016年5月31日付 ポリシーブックに期待
2	「JAcom・農業協同組合新聞」2017年2月13日付 目指せ 闘うJA青年組織
第5章の1	『労農のなかま』（全農協労連）2018年1月号　農協改革・自己改革と農協労働者の役割
2	「JA岡山職場内報わいわいがやがや」2010年6月～18年3月号
第6章	「JAcom・農業協同組合新聞」2017年3月23日付 【志位和夫 日本共産党幹部会委員長に聞く】価格保障と所得補償で再生産可能な農業を

小松 泰信（こまつ やすのぶ）

1953年長崎県生まれ。鳥取大学農学部卒、京都大学大学院農学研究科博士後期課程研究指導認定退学。(社)長野県農協地域開発機構研究員、石川県農業短期大学助手・講師・助教授、岡山大学農学部助教授・教授、同大学大学院環境学生命科学研究科教授を経て、2019年3月定年退職。同年4月より（一社)長野県農協地域開発機構研究所長。岡山大学名誉教授。専門は農業協同組合論。

著書に『非敗の思想と農ある世界』(2009年、大学教育出版)、『新しい農業経営者像を求めて』(監修、2003年、農村報知新聞社)、『地方紙の眼力』(共著、2017年、農山漁村文化協会)、『農ある世界と地方の眼力』(2018年、大学教育出版)、『農ある世界と地方の眼力2』(2019年、大学教育出版）などがある。

隠《かく》れ共産党宣言《きょうさんとうせんげん》

2018年10月15日　初　版
2020年 2 月10日　第3刷

著　者　小 松 泰 信
発行者　田 所　　稔

郵便番号　151-0051　東京都渋谷区千駄ヶ谷4-25-6
発行所　株式会社　新日本出版社
電話　03（3423）8402（営業）
03（3423）9323（編集）
info@shinnihon-net.co.jp
www.shinnihon-net.co.jp
振替番号　00130-0-13681

印刷　亨有堂印刷所　　製本　光陽メディア

落丁・乱丁がありましたらおとりかえいたします。

ISBN978-4-406-06275-6 C0031　Printed in Japan